Hardanger

Alte Handarbeiten –
neu entdeckt

Hardanger

Sticken für Anfänger und Profis

von Irmgard Kurz
und
Maria Wedeking

3. Auflage

Landwirtschaftsverlag GmbH
Münster-Hiltrup

Weitere Titel der Reihe
„Alte Handarbeiten – neu entdeckt"

- Kurz/Wedeking, Hardanger für Fortgeschrittene
- Diers, Leinensrickerei
- Diers, Richelieu
- Diers/Dünninghaus, Kreuzstichstickerei
- Diers/Dünninghaus, Die schönsten Bänder und Borten

Landwirtschaftsverlag GmbH,
Postfach 48 02 49, 48079 Münster

3. Auflage 1995

Fotos: Stoll, Arnsberg

Gesamtherstellung:
LV Druck im Landwirtschaftsverlag GmbH, Münster-Hiltrup

Gedruckt auf chlorfrei gebleichtem Papier

Printed in Germany

ISBN 3-7843-2743-5

Inhalt

Vorwort

Wir, das sind Irmgard Kurz, Jahrgang 1938 aus Iserlohn, leidenschaftliche Stickerin und Maria Wedeking, Jahrgang 1966 aus Hopsten, der schreibenden Zunft zugetan.

Was uns neben der landwirtschaftlichen Herkunft verbindet, ist die Leidenschaft zur Hardanger-Stickerei.

Die Hardanger-Stickerei steht heute wieder hoch im Kurs und so entstand die Idee, ein praxisnahes Buch zu schreiben. Das Exemplar, das Sie gerade in Ihren Händen halten, ist nun das Ergebnis.

Wir hoffen, daß wir sowohl den Anfängern als auch den Profis unter den Stickerinnen gerecht geworden sind.

Unser Dank gilt der Firma Coats MEZ AG, Kenzingen, für die freundliche Unterstützung.

Axel Kurz war es, der für uns mit Hilfe des Computers die Musterzeichnungen erstellt hat.

Marianne und Alfons Lütke-Schwienhorst stellten uns für die hochwertigen Farbfotos Ihre gesamten Räumlichkeiten zur Verfügung.

Wir danken allen Stickerinnen, die uns in vielfältiger Weise unterstützt und ermutigt haben.

Irmgard Kurz
Maria Wedeking

Stickbild, angefertigt von Irmgard Kurz.

Einführung

Hardanger – so kann man es in den alten Stick-Lehrbüchern nachlesen – ist eine fadengebundene Durchbruchstickerei, bei der die Gewebefäden in Schuß- und Kettrichtung herausgezogen werden. Annodazumal als „Zähl-Stickerei" bezeichnet, ist die Hardanger-Stickerei heute beliebter denn je.

Charakteristisch für Hardanger sind die geometrischen Durchbruchmuster, die mit verschiedenen Zierstichen umstickt und gefüllt werden. Plattstich-Gruppen, oder Langettenstiche bilden die Umrandung, die sogenannte Randbefestigung dieser Durchbruchmotive. Dabei können die stehengebliebenen Fäden gebündelt, geteilt und reichlich verziert werden: Spinne, Malteserkreuz, Edelweiß oder Knötchen (Pikot), der Phantasie sind weder bei den Namen noch beim Sticken Grenzen gesetzt.

Um Ihnen den Start in die Hardanger-Stickerei zu erleichtern, haben wir in diesem Buch zunächst die Grundstiche erklärt.

Für die ersten Muster haben wir einfache und schnell zu stickende Motive ausgewählt, die Sie als nette Geschenkidee oder kleines Mitbringsel verwenden können. Aber auch der Stick-Profi soll nicht zu kurz kommen. Für ihn haben wir Muster ausgewählt, die man nicht nur nachsticken kann, sondern die sich auch beliebig erweitern oder abändern lassen und so ganz neue Wirkungen erzielen.

Neben den zahlreichen Mustervorschlägen finden Sie in diesem Buch für jede Handarbeit eine verständliche Arbeitsanleitung, ein Foto und eine exakte Musterzeichnung. Für alle Stickamateure empfiehlt sich aber auf jeden Fall ein Einführungskursus in die Hardanger-Stickerei.

Wir hoffen, Sie ein bißchen für die Hardanger-Stickerei begeistern zu können und wünschen Ihnen beim Nachsticken Gutes Gelingen!

Geschichtliches vorweg

Die Hardanger-Stickerei gehört zu dem Kulturerbe der Norweger und ist nach dem norwegischen Hardanger-Fjord benannt. Dieser Fjord liegt im Südwesten Norwegens und zeichnet sich durch eine phantastische und abwechslungsreiche Landschaft aus. Enge Fjorde, hohe Berge, gewaltige Gletscher und tosende Wasserfälle machen den Reiz dieser Region aus. Trotz steiler Berghänge wurde in Hardanger immer Landwirtschaft betrieben. Das Hauptstandbein ist hier der Obstanbau. Das Hardanger-Plateau ist das größte Obstanbaugebiet Norwegens, mit tausenden von Obstbäumen.

Die Gegensätze in der Natur von der Obstbaumblüte zu den schneebedeckten Bergen hat schon frühzeitig zur Entdeckung des Hardanger-Fjordes geführt, so daß er sehr schnell zum Anziehungspunkt für den Fremdenverkehr wurde.

Im Hardanger-Fjord hat die Stickerei eine lange Tradition, und sie ist geprägt von der bäuerlichen Struktur dieser Region. So hat jede Bauerschaft ihre eigene Tracht mit eigens dafür entworfenen Stickmustern. Auf jedem Hof befindet sich eine komplette Brautausstattung.

Ihren Ursprung hat die Hardanger-Stickerei allerdings im Orient. Von dort gelangte sie über die Handelswege nach Italien. In Italien als „reticella" bezeichnet, wurde die feine, neue Stickerei von den bessergestellten Ehefrauen der Staatsmänner in Norwegen eingeführt. Das war vor etwa 300 bis 400 Jahren.

Die Grundlage der damaligen Stickerei bildeten ausgeschnittene Zwischenräume, die dann umstickt wurden, so daß eine Art Netz entstand. Daher rührt auch der Name „reticella", was ins Deutsche übersetzt soviel bedeutet wie „kleines Netz".

In Norwegen wurde diese Stickerei „utskurdsaum" genannt, weil man die Fäden mit dem Messer ausgeschnitten hat. Erst später veränderte sich die Technik und der „Ausschneidesaum" wurde zum „Herausziehsaum", bei dem die Fäden in Länge und Breite herausgezogen wurden. Als Grundstoff wurde von jeher Leinen bestickt, weil es in jeder Bauernfamilie selbst hergestellt werden konnte. Aber auch Baumwolle und grobes Jutegewebe wurden mit dieser Art des Stickens versehen.

Die drei unverheirateten Töchter eines Theologen mit Namen Kristian Kolle aus Holmen sorgten schon damals durch den Verkauf von bestickten Schürzen, Tüchern, Kissen und Decken für ihren Lebensunterhalt. Und diese drei „Holma-Jungfrauen" waren es auch, die den Hohlsaum einführten.

In den kleinen, abgeschiedenen Bauernschaften bildeten sich sogenannte „Husflid", zu deutsch Hausfleiß-Vereinigungen, die Stickarbeiten aller Art und das notwendige Zubehör anboten und verkauften.

Für ihre „utstyr" (Aussteuer) stickten die jungen Mädchen schon in jungen Jahren eifrig Schürzen und Hemdkragen. Noch heute bestehen die Trachten und Brautschürzen aus solchen Stickereisäumen. Vor allem die Brautschürze und das Brauttuch wurden reich verziert.

Diese lange norwegische Tradition der Hardanger-Stickerei hat sich bis heute erhalten. Der große Zuspruch der Touristen machte die Hardanger-Stickerei in Norwegen populär und verbreitete diese Stickkunst auch in Europa. Erst zu Anfang dieses Jahrhunderts hielt die Hardanger-Stickerei Einzug in Deutschland und diese wunderschöne Durchbruch-Stickerei hat hier zahlreiche Anhängerinnen gefunden.

Leinen, der Stoff aus dem Sie Träume sticken

Für Ihre Handarbeit sollten Sie nur Stoffe und Garne bester Qualität verwenden, denn nur so kommen Ihre wertvollen Stickereien voll zur Geltung.

Mit zunehmender Stickerfahrung werden Sie feststellen, daß Leinenstoffe für die Hardanger-Stickerei wesentlich schöner und stilvoller sind, als Baumwollstoffe. Auch für die original norwegischen Stickereien wurde und wird ausschließlich handgewebtes „Linn" verwendet.

Wichtig ist allerdings, daß sich die Leinenstoffe bzw. die einzelnen Fäden zählen lassen. Je nach Anzahl der Gewebefäden unterscheidet man zwischen verschiedenen Leinen. Für die Hardanger-Stickerei eignen sich grundsätzlich Leinenstoffe mit 7 bis 12 Gewebefäden pro Zentimeter. Bei Baumwollstoffen von 7 bis 10,5 Gewebefäden pro Zentimeter.

Ausschlaggebend ist immer die Anzahl der Gewebefäden pro Quadrat-Zentimeter. Die Zahl der Gewebefäden ist bei jedem Muster angegeben.

Wenn Sie nicht den in der Anleitung angegebenen Stoff besticken, sollten Sie sich die Mühe machen und die Fäden nachzählen. Denn Sie benötigen logischerweise bei feinerem Gewebe weniger und bei groberen Gewebe mehr Stoff als angegeben.

Der Grundstoff muß außerdem quadratisch gewebt sein, d. h. Kette und Schuß müssen die gleiche Dichte aufweisen, damit ein gleichmäßiges Stickbild entsteht. Altes handgewebtes Leinen strahlt einen ganz besonderen Charme aus und kommt zu besonderen Ehren, wenn Sie es beispielsweise zu einer Tischdecke, Lampe oder einem Kissen veredeln. Der unnachahmliche matte Glanz dieser Naturfaser geht auch nach längerem Gebrauch nicht verloren.

Für alle, die kein altes Leinen mehr in der Aussteuerkommode liegen haben, ist heutzutage Leinen in allen Farben und Stärken im Fachhandel erhältlich.

Was Sie für die Hardanger-Stickerei sonst noch brauchen

Zubehör:

Stickgarne: Das Stickgarn sollten Sie in der Stärke dem Stoffgewebe entsprechend auswählen. In der Regel sind die Plattstiche mit stärkerem Garn zu sticken als die Stege. Alle in diesem Buch vorgestellten Handarbeiten wurden mit Coats MEZ Perlgarn und Coats MEZ Vierfachgarn in den verschiedensten Stärken angefertigt.

Sticknadeln: Sticken Sie Hardanger immer mit einer Nadel ohne Spitze, um das Anstechen der Gewebe- und Stickgarnfäden zu vermeiden. Es eignen sich Sticknadeln in den Größen Nr. 20 bis 24.

Stickrahmen: Spannen Sie Ihre Handarbeit in einen Stickrahmen, dann geht das Sticken leichter von der Hand. Am besten eignen sich ovale Rahmen mit den Maßen von 11cm x 18 cm. Der Stickrahmen sollte nicht zu groß sein, denn jeder Stich wird mit den Fingern der linken Hand unterstützt, sodaß Sie immer mit Ihren Fingern bis in die Mitte des Rahmens fassen sollten. Achten Sie darauf, daß der Stickfaden immer gleichmäßig und nicht zu fest angezogen wird, ansonsten werden die Gewebefäden zu dicht zusammengezogen.

Handarbeitsschere: Am besten eignet sich eine Handarbeits-, Flachtisch- oder Hardangerschere, die möglichst spitz und scharf sein sollte.

Maßband: Für den Zuschnitt der Stoffe benötigen Sie ein ganz einfaches Schneidermaßband.

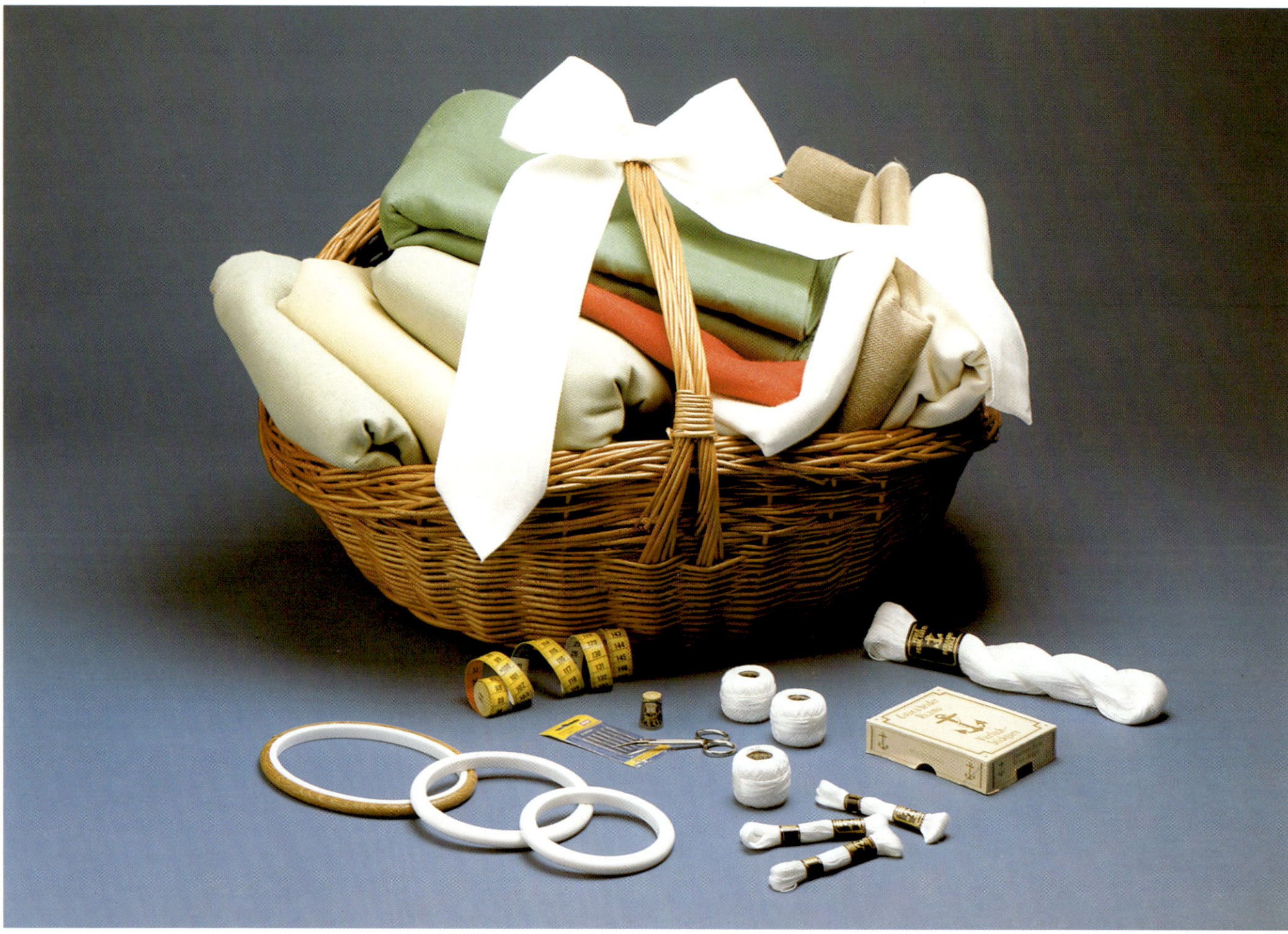

Die Grundstiche in der Hardanger-Stickerei

(nach Vorlagen von Coats MEZ)

Der Plattstich

Die Hardanger-Stickerei führen Sie in einem Stickrahmen aus. Die Schemazeichnungen, die durch verschiedene Farben den Stickablauf verdeutlichen, erleichtern Ihnen das Nacharbeiten. Jeder Strich des gezeichneten Gitters stellt einen Gewebefaden dar. Die Abbildungen zeigen das Plattstich-Motiv über 4 Gewebefäden gestickt. Die gestrichelten Linien zeigen den Stickfadenverlauf auf der Rückseite. Sticken Sie mit einer Nadel ohne Spitze, um das Anstechen der Gewebe- und Stickgarnfäden zu vermeiden. Zuerst sticken Sie immer die Plattstich-Gruppen für die Umrandungen der einzelnen Motive, dann erst werden die Gewebefäden abgeschnitten und herausgezogen.

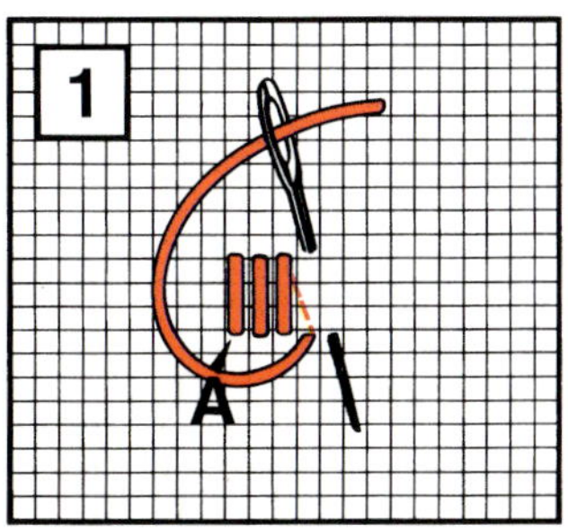

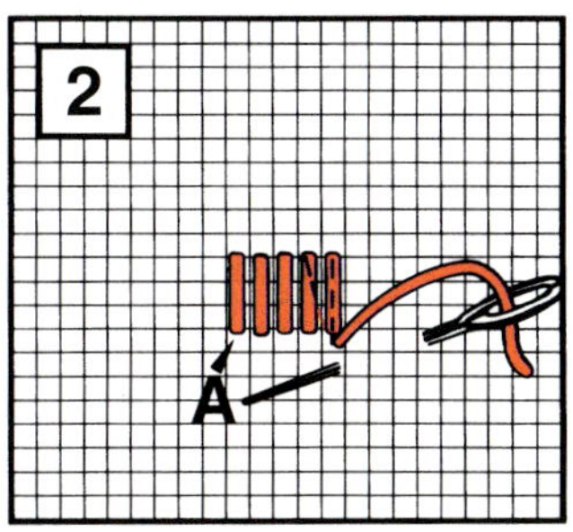

Abb. 1 und 2

Sticken Sie die Plattstiche für die Umrandungen der Motive in senkrechter und waagerechter Richtung. An Ecken und bei treppenartig verlaufenden Umrandungen treffen der letzte Stich einer Plattstich-Gruppe und der erste Stich der nächsten Plattstich-Gruppe in die gleiche Einstich- bzw. Ausstichstelle.

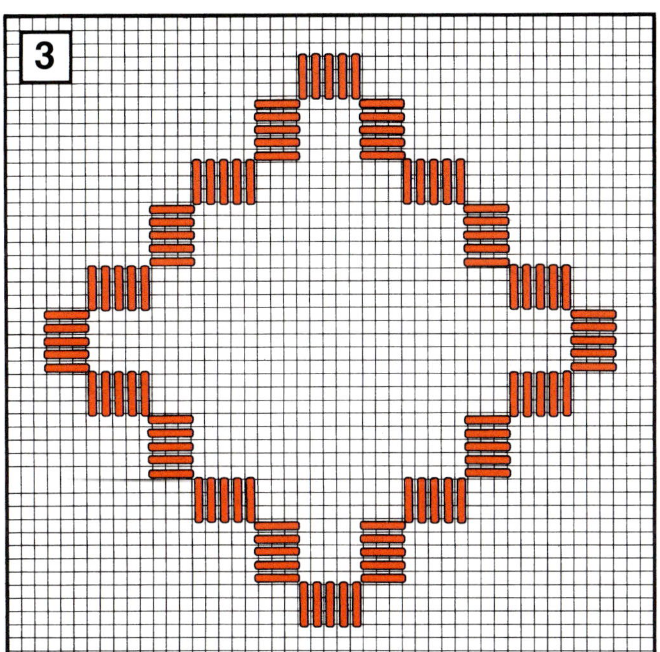

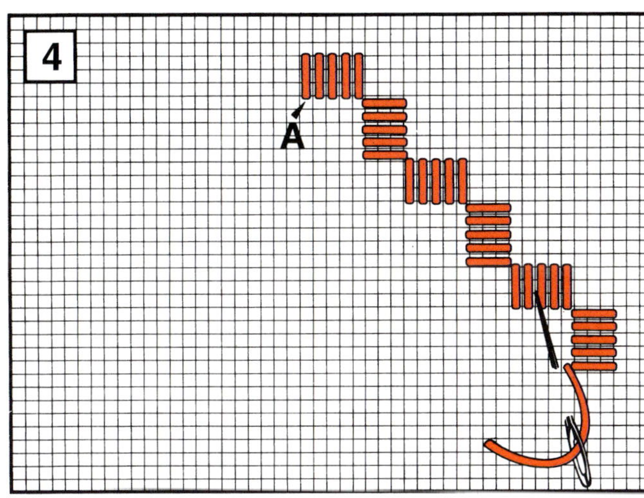

Abb. 3

Schemazeichnung für die ganze Plattstich-Umrandung.

Abb. 4-6

zeigen Ihnen den Stickverlauf der Plattstich-Gruppen, beginnend bei A. (siehe nächste Seite).

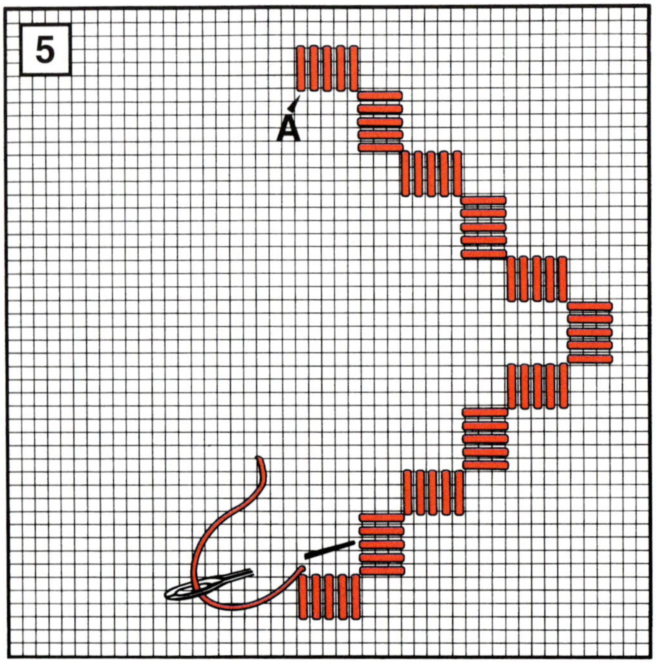

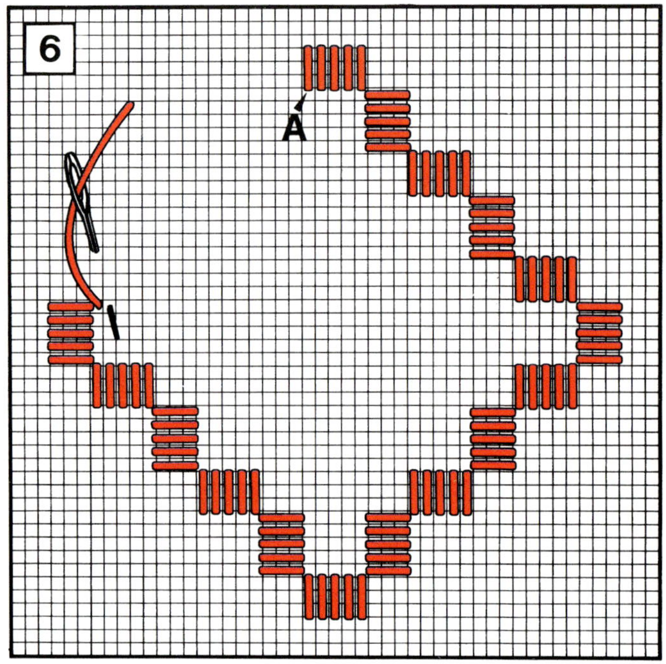

Das Gewebe klarlegen

Beim Gewebe klarlegen werden die 4 umstickten Gewebefäden jeweils dicht am Plattstich abgeschnitten. Die losen Fäden werden herausgezogen, so daß ein großflächiges Gewebegitter aus je 4 Fäden entsteht.

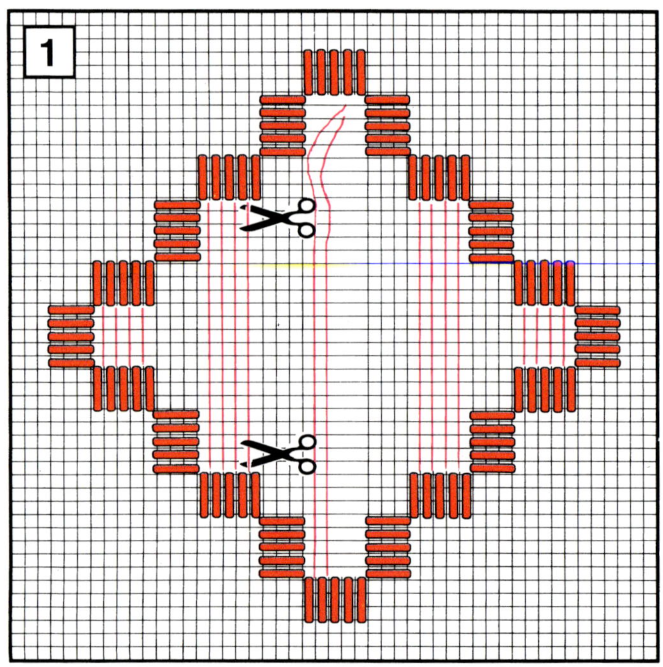

Abb. 1 und 2

Entfernen Sie zunächst die senkrechten Fäden (rot), indem Sie die Fäden dicht an den Plattstichgruppen mit einer spitzen Schere abschneiden und herausziehen.

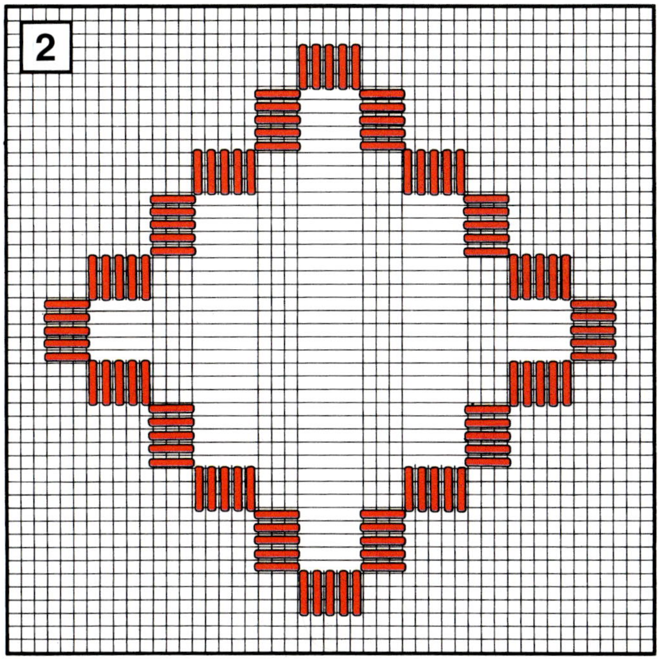

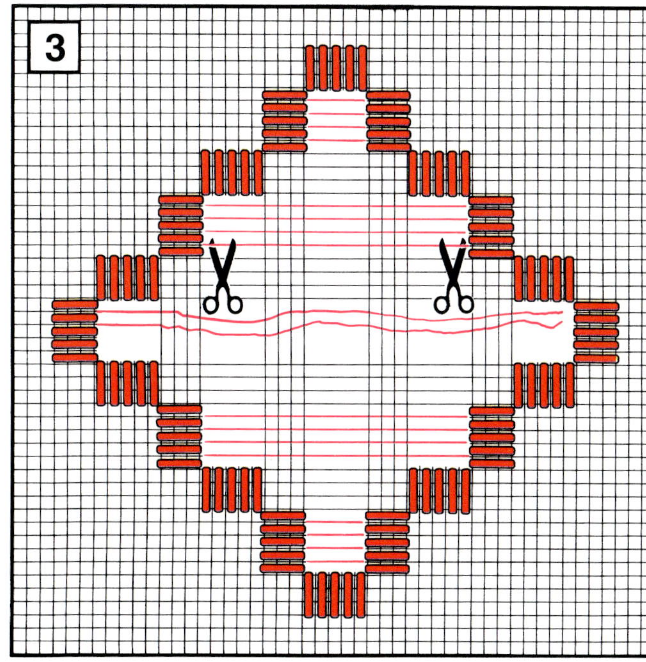

Abb. 3
Auf dieselbe Weise werden danach die waagerechten Fäden (rot) entfernt.

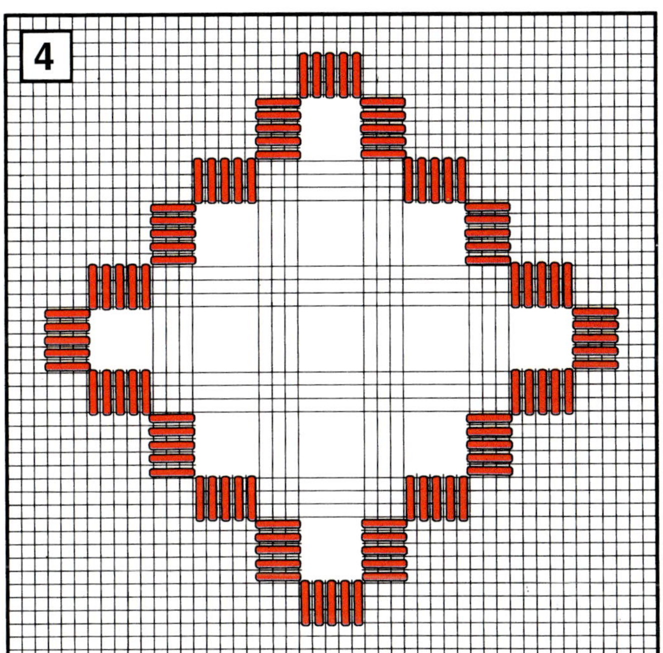

Abb. 4
zeigt Ihnen das nun entstandene Fadengitter.

Der Stopfstich

Bei diesem Stich wird in einer „8" gestopft. Sie umschlingen immer 2 Fäden und stechen mit der Nadel von oben in die Mitte.

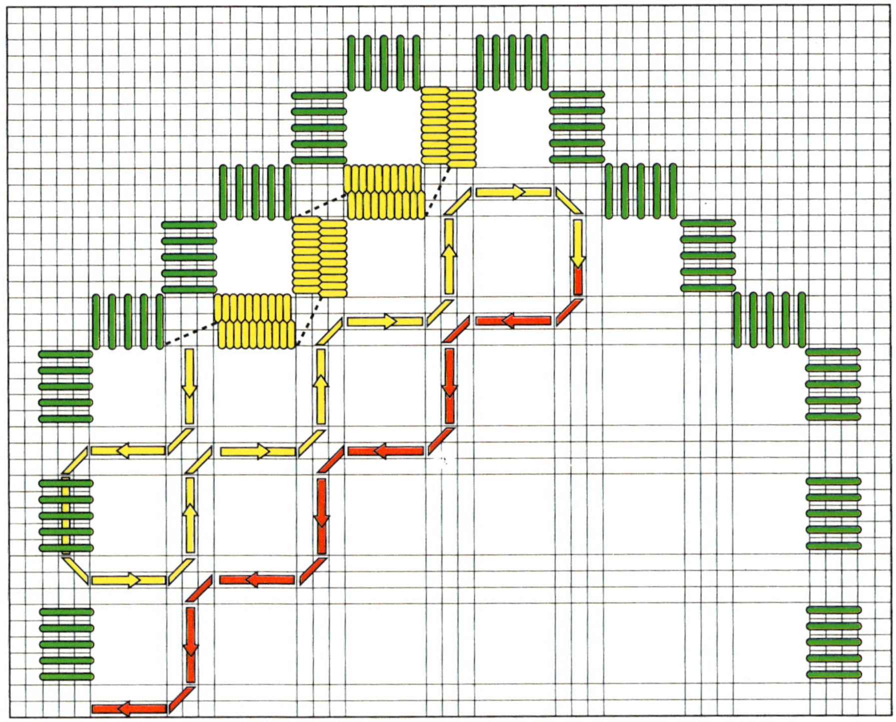

Stäbchenstege oder der Wickelstich

Sie sticken die Plattstichumrandung wie im Muster angegeben. Dann legen Sie das Gewebe klar. Es werden immer zwei Fäden umwickelt und zwar von der Mitte aus zum Rand hin arbeiten und wieder zurück. Dabei wird der Faden immer um das Fadengerüst geschlungen.

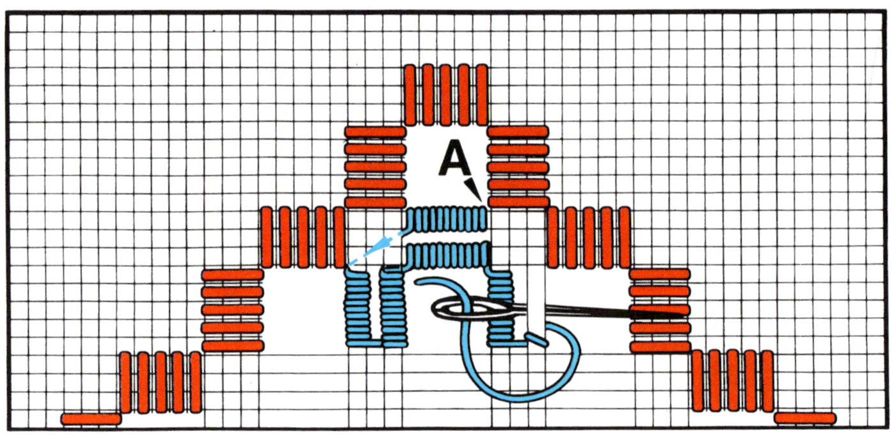

Der schräge Maschenstich

Die Abb. 1–5 zeigen Ihnen den schräg gearbeiteten linken Maschenstich.

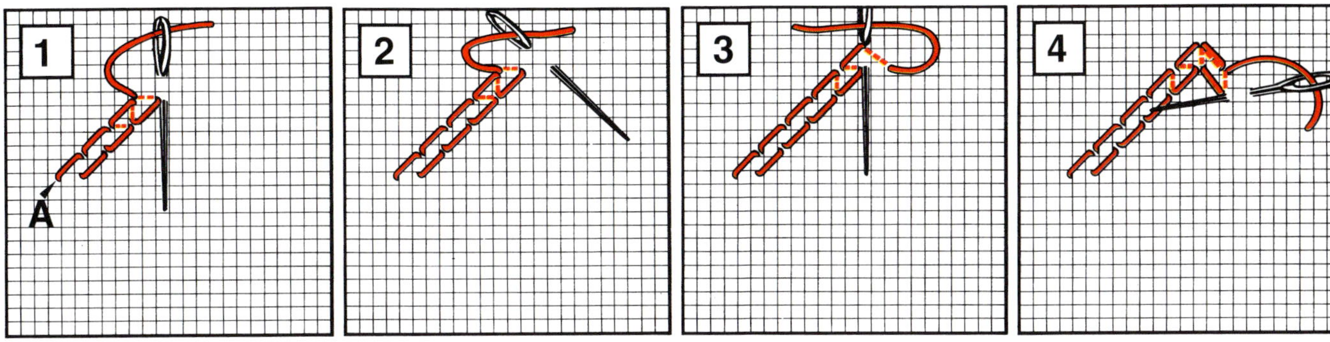

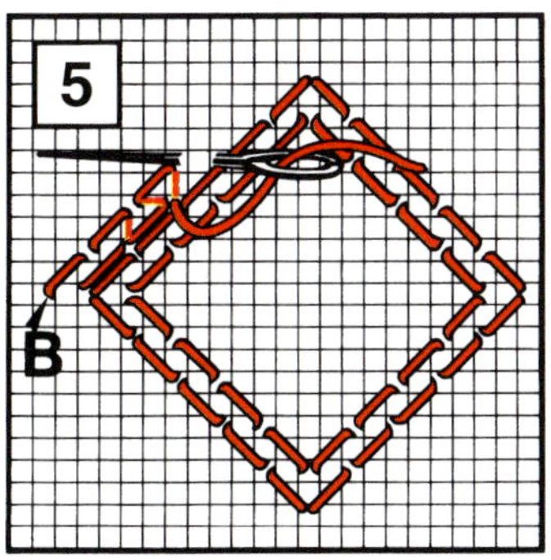

Abb. 1

Beginnen Sie bei A die 1. Reihe. Auf der Rückseite entstehen senkrechte und waagerechte Stiche.

Abb. 2

Bei Bildung der Ecke entsteht auf der linken Seite ein schräger Stich.

Abb. 3

Stechen Sie zurück in die letzte Einstichstelle an der Spitze und führen Sie die Nadel auf der Rückseite senkrecht nach unten.

Abb. 4

zeigt die fertige Ecke.

Abb. 5

Beginnen Sie bei B die zweite Reihe, die Sie wie die erste arbeiten.

Der Stielstich

Er eignet sich, wie sein Name schon sagt, zum Sticken von Ranken und bogenförmigen Linien. Er stickt sich relativ schnell und mühelos. Auf der Vorderseite zeigt er aneinandergereihte, schräge, gleichgroße Stiche. Ist er sorgfältig gearbeitet, ergibt er auf der Rückseite den Steppstich.

Den Stielstich sticken Sie von links nach rechts. Sie stechen aus dem Stoff, eine volle Stichlänge weiter stechen Sie ein, gehen um eine halbe Stichlänge zurück und stechen unterhalb des Stichs wieder aus.

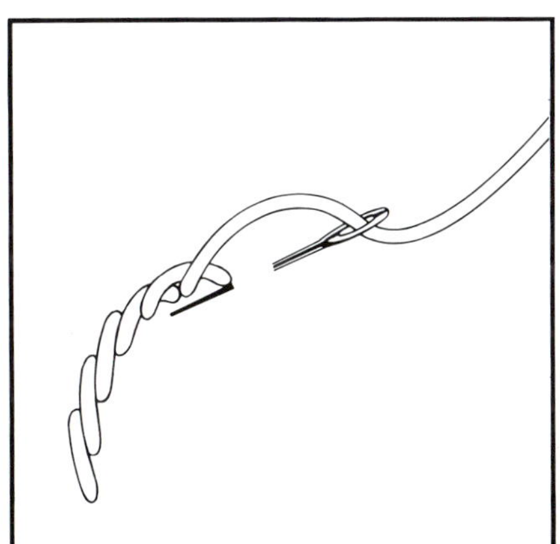

Der Kästchenstich

Der Kästchenstich eignet sich gut zum Füllen und Verzieren freier Flächen. Dazu sticken Sie von unten aus dem Stoff (Abb. 1) 4 Fäden nach oben (A). Dann diagonal unter dem Stoff 4 Fäden nach links unten (B) und zurück zum Anfang. Wieder diagonal unter dem Stoff nach links oben und 4 Fäden zurück zu A.

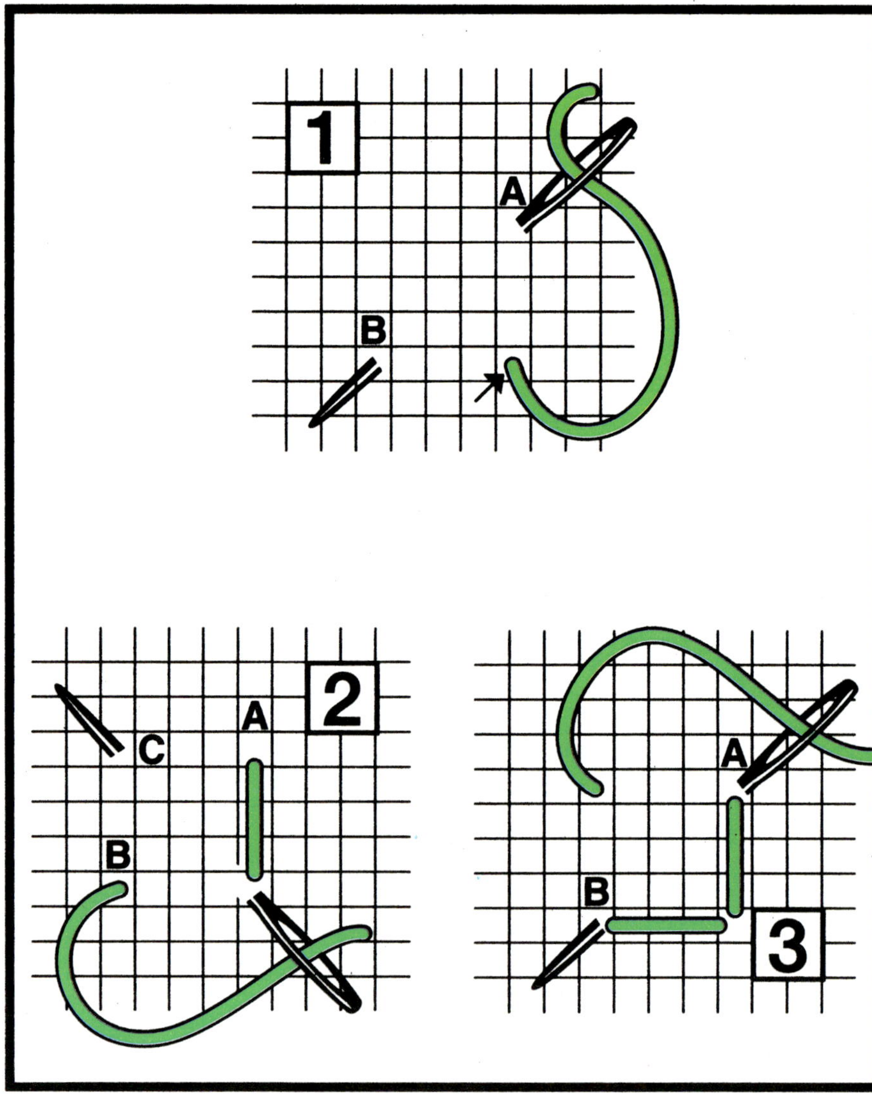

Stickfüllungen und Schmuckelemente in der Hardanger-Stickerei

Die Schlingenstichfüllung oder kleine Spinne

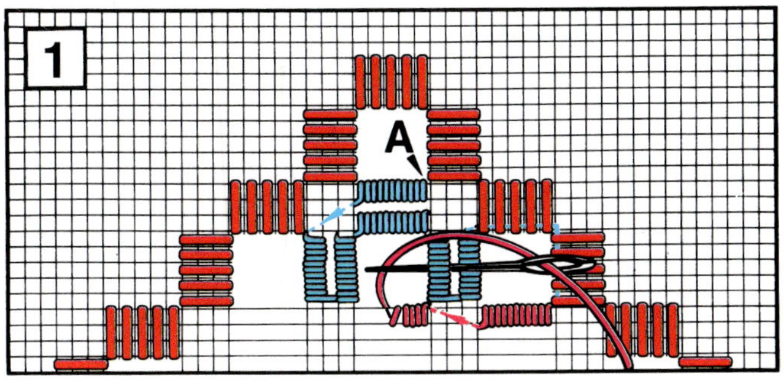

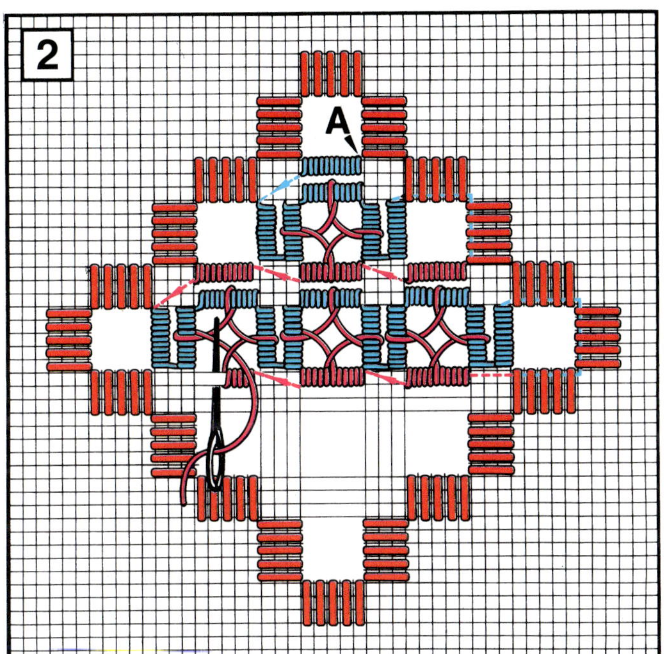

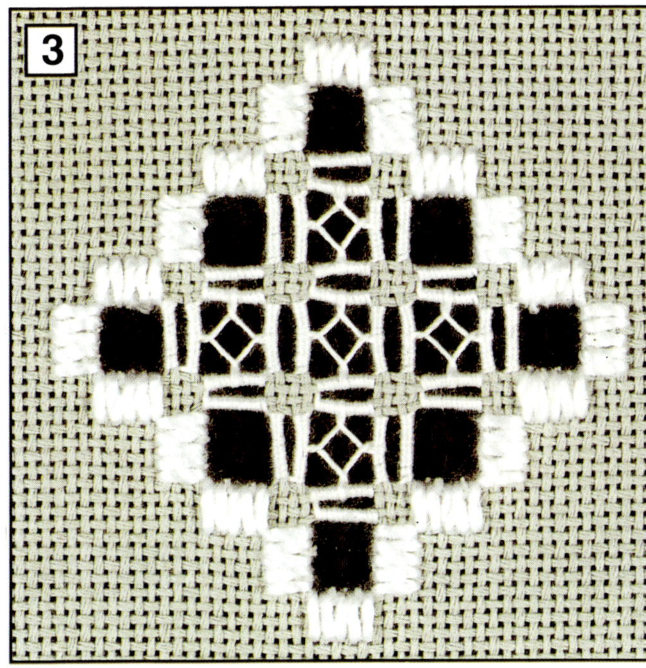

Abb. 1

Beginn der ersten Schlingenstichfüllung. Dazu müssen Sie bereits drei Stege eines „Quadrates" umwickelt haben. Der vierte Steg wird dann nur bis zur Mitte umwickelt. Nun sticken Sie je einen Schlingenstich in die Mitte der drei bereits umwickelten Stege und beenden anschließend den vierten Steg.

Abb. 2

zeigt Ihnen den weiteren Stickverlauf.

Abb. 3

Fertig gesticktes Motiv mit umwickelten Stegen.

Die Schlingstichfüllung mit Stopfstegen

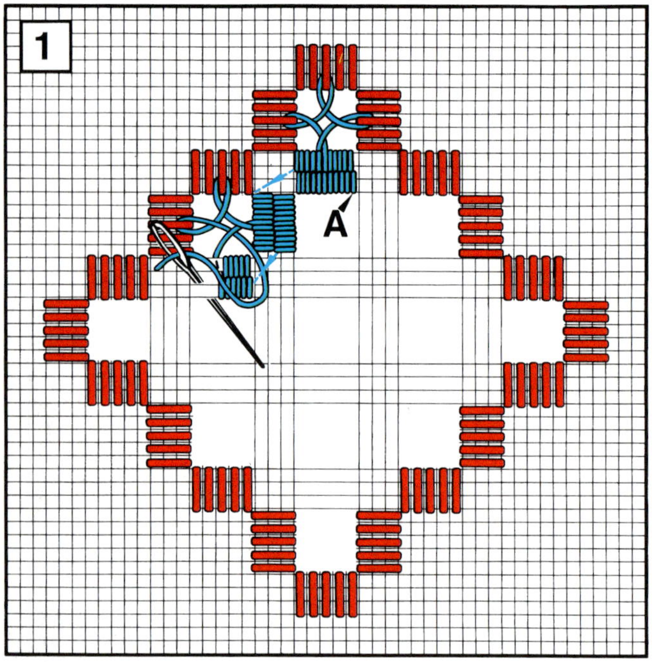

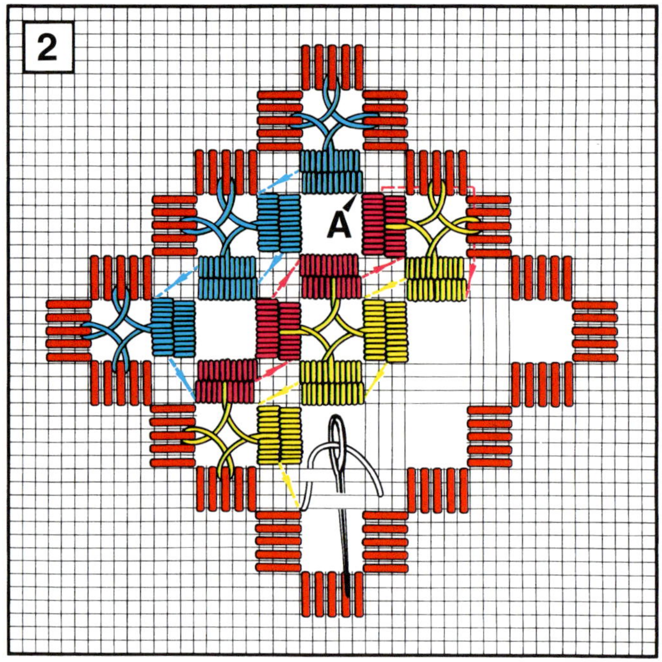

Abb. 1

Beginnen Sie bei Steg A. Der Steg wird bis zur Mitte umstopft, dann arbeiten Sie die erste Schlingenstichfüllung ein.

Dazu sticken Sie je einen Schlingenstich um den mittleren Stich der drei Plattstichgruppen und beenden dann den Steg. Nun wird der nächste – senkrechte – Steg umstopft.

Abb. 2

zeigt Ihnen den treppenartigen Verlauf der umstopften Stege.

Abb. 3

Fertig gesticktes Motiv mit umstopften Stegen. Als Umrandung des Plattstichmotives können Sie den linken Maschenstich verwenden.

Das Malteserkreuz

Umwickeln Sie zunächst 2 Fäden bis zur Mitte und stechen dann den Faden aus dem äußersten Gewebekreuz in der Mitte aus.

Arbeiten Sie dann Stopfstiche um den bereits gewickelten Steg und die nächsten 2 Fäden. Die Anzahl der Stopfstiche hängt davon ab, wie dicht das Malteserkreuz werden soll. Den letzten Teil der 2 Fäden umwickeln Sie wieder.

Führen Sie dann den Stickfaden auf der Rückseite der Stickerei weiter und umwickeln wieder 2 Fäden zur Mitte hin. Arbeiten Sie dann wieder Stopfstiche und gehen weiter wie oben beschrieben. Auf diese Art arbeiten Sie alle Zacken des Malteserkreuzes.

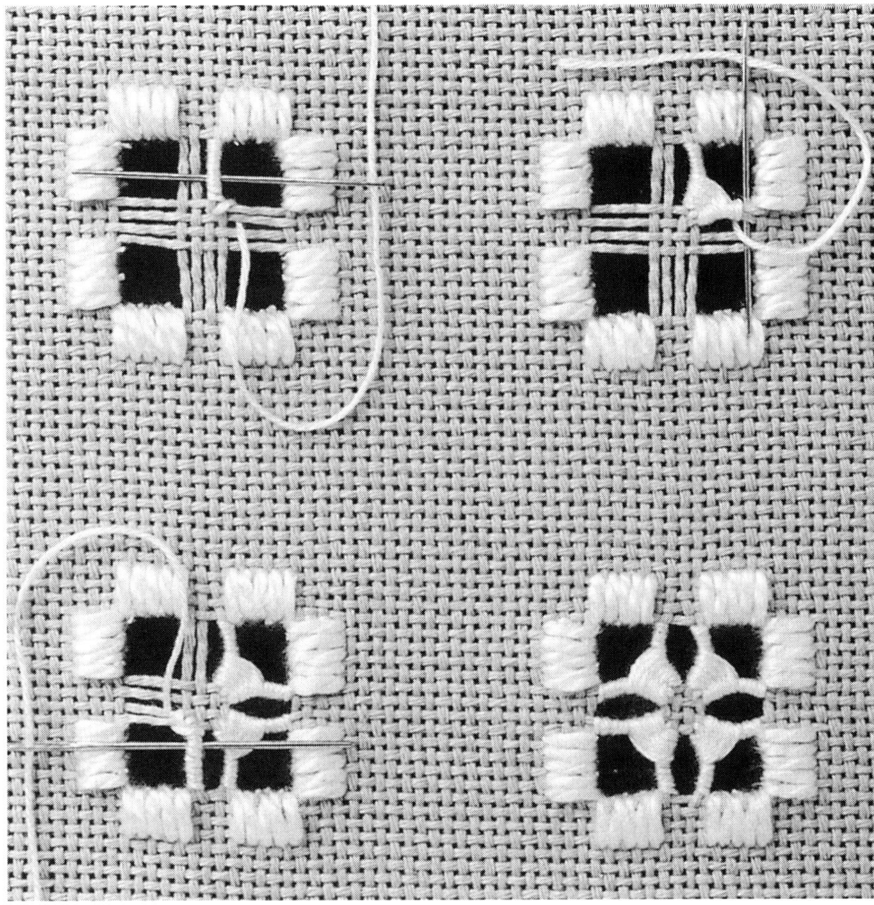

Das Madeirasternchen

Für das Madeirasternchen benötigen Sie immer einen Gewebeuntergrund, daher wird es immer von Plattstichen umgeben. Sie sticken über 2 Fäden immer in die Mitte und umschlingen die Fäden so, daß in der Mitte ein kleines Loch entsteht.

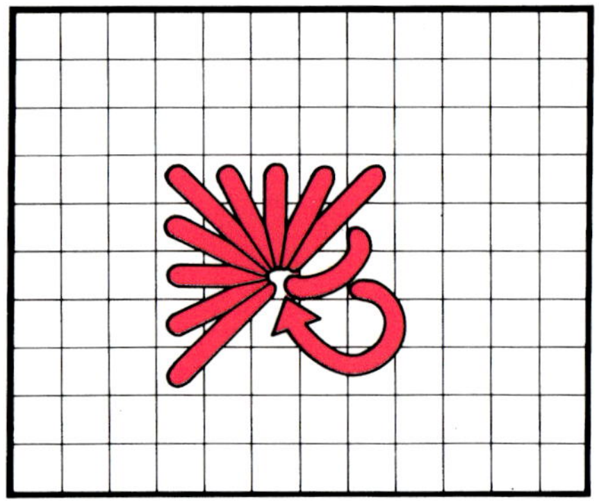

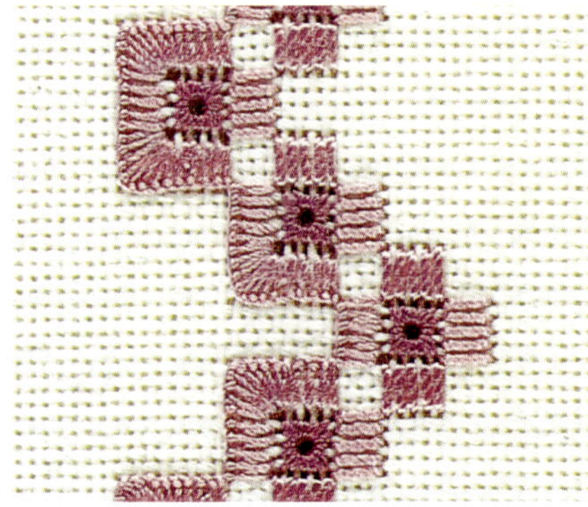

Das Edelweiß

Sie sticken die Edelweißumrandung wie im Muster angegeben. Dann legen Sie das Gewebe klar. Dazu schneiden Sie jeweils 5 Gewebefäden dicht am Plattstich ab, so daß nur 2 Fäden im Kreuz stehenbleiben. Durch die Diagonale von Ecke zu Ecke spannen Sie zunächst einen Faden und umwickeln diesen auf dem „Rückweg". In der Ecke angelangt ziehen sie unter die Plattstichgruppe hindurch zur nächsten Ecke, spannen wieder einen Faden zur gegenüberliegenden Ecke, umwickeln diesen aber nur bis zur Mitte, so daß ein Faden ungewickelt stehenbleibt.

Mit dem Wickelstich wird das Fadengerüst von der Mitte aus kreisförmig im Uhrzeigersinn umwickelt. Dazu wird das Fadengitter immer einmal umschlungen und dann zum nächsten Faden gestochen, dieser wieder umschlungen und zum nächsten Faden gestochen. Nachdem Sie die Häfte so gewickelt und gefüllt haben, werden die Edelweißblätter eingestopft. Jetzt wird nicht mehr kreisförmig gewickelt, sondern jedes Edelweißblättchen einzeln fertiggestickt. Dazu umschlingen Sie das Fadengerüst wie gehabt und

nehmen den äußersten Wickelfaden auf. Dann sticken sie zurück, umschlingen wieder das Fadengerüst und heben dann jedesmal den gleichen Wickelfaden wieder auf. So ensteht ein Edelweißblättchen nach dem anderen.

Das Stopfen mit Pikot

Für die Knötchenstege oder das Stopfen mit Pikot stopfen Sie zunächst die Stege. Nach 4 Stopfstichen in der Mitte des Steges einen Kettenstich über 2 Fäden des Steges arbeiten. Das heißt, Sie stopfen von oben nach unten und legen den Faden einmal als Schlinge unter die Nadel und ziehen einen Knoten.

Papillon

Sie sticken die Plattstichumrandung wie im Muster angegeben.

Dann legen Sie das Gewebe klar. Dazu schneiden Sie jeweils 4 Gewebefäden dicht am Plattstich ab und lassen 4 Fäden stehen. Durch die Diagonale von Ecke zu Ecke spannen Sie zunächst einen Faden und umwickeln diesen auf dem „Rückweg". In der Ecke angelangt ziehen sie unter die Plattstichgruppe hindurch zur nächsten Ecke, spannen wieder einen Faden zur gegenüberliegenden Ecke, umwickeln diesen aber nur bis zur Mitte, so daß ein Faden ungewickelt stehenbleibt. Das Fadengerüst wird mit dem Stopfstich umwickelt. Es werden immer 2 Fäden umstopft, wobei der mittlere Faden jeweils einmal umschlungen wird.

Ist eine Ecke fertiggestickt, stechen sie durch den gewickelten Fadenkanal zurück zur Mitte und beginnen mit der nächsten Ecke.

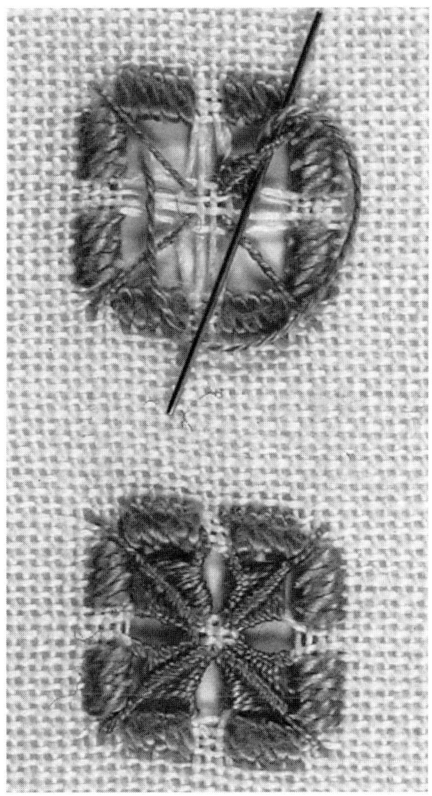

Das Kleeblatt

Sie sticken die Plattstichumrandung wie im Muster angegeben.

Dann legen Sie das Gewebe klar. Dazu schneiden Sie jeweils 4 Gewebefäden dicht am Plattstich ab und lassen 4 Fäden stehen.

Durch die Diagonale von Ecke zu Ecke spannen Sie zunächst einen Faden und umwickeln diesen auf dem „Rückweg". In der Ecke angelangt, ziehen sie unter die Plattstichgruppe hindurch zur nächsten Ecke, spannen wieder einen Faden zur gegenüberliegenden Ecke, umwickeln diesen aber nur bis zur Mitte, so daß ein Faden ungewickelt stehenbleibt. Das Fadengerüst wird mit dem Stopfstich umwickelt. Es werden immer 2 Fäden umstopft. Ist eine Ecke fertiggestickt, stechen sie durch den gewickelten Fadenkanal zurück zur Mitte und beginnen mit der nächsten Ecke.

Die große Spinne

Sie sticken die Plattstichumrandungen wie im Muster angegeben. Dann legen Sie das Gewebe über 12 Fäden klar. Dazu schneiden Sie in den Ecken jeweils 4 Gewebefäden dicht am Plattstich ab und lassen 4 Fäden in der Mitte stehen. Diese werden zu Stegen umstopft. Durch die Diagonale von Ecke zu Ecke spannen Sie zunächst einen Faden und umwickeln diesen auf dem „Rückweg". In der Ecke angelangt ziehen Sie unter der Plattstichgruppe hindurch zur nächsten Ecke, spannen wieder einen Faden zur gegenüberliegenden Ecke und umwickeln diesen.

Der Wickelsteg mit eingezogener Spinne

Sie sticken die Plattstichumrandung wie im Muster angegeben, so daß 20 Fäden in der Mitte klargelegt werden können. Dazu schneiden Sie in den Ecken jeweils 4 Gewebefäden dicht am Plattstich ab und lassen 4 Fäden stehen. Die mittleren 4 Fäden werden wieder ausgeschnitten, die nächsten 4 bleiben stehen usw. Je 2 Fäden werden zu Stäbchenstegen umwickelt. In die Mitte wird ein Wickelstich oder eine Spinne gestickt. In jede Ecke sticken Sie 1/4 Malteserkreuz.

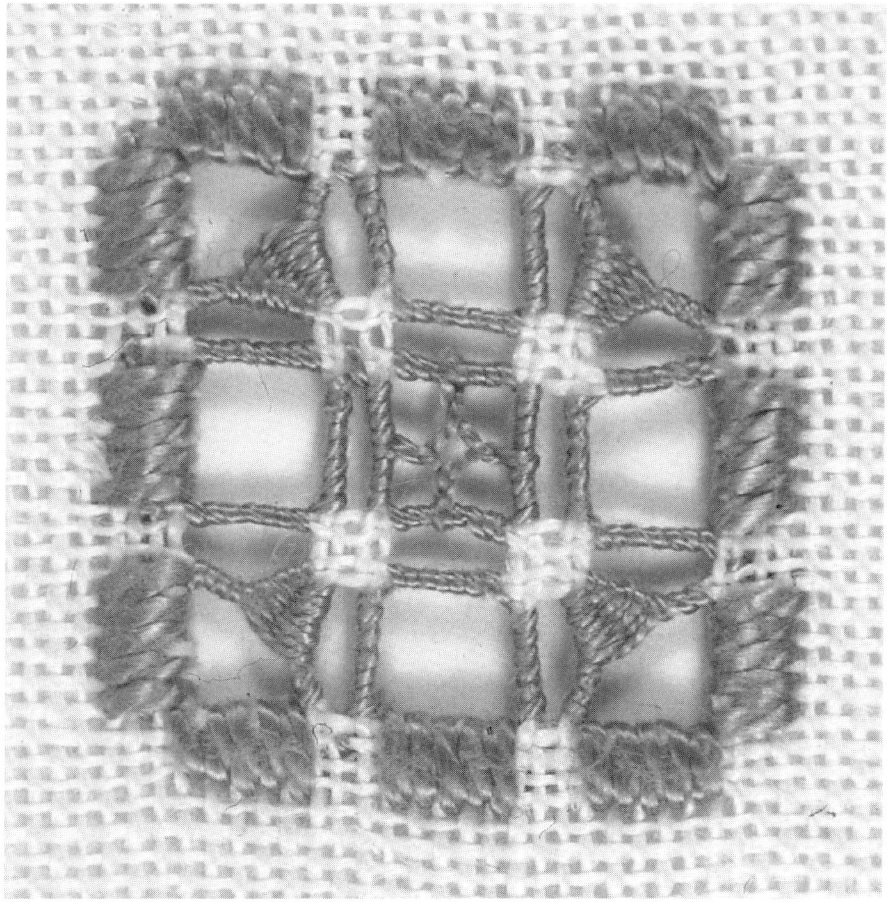

Das Malteserkreuz mit Wickelstegen

Sie sticken die Plattstichumrandung wie im Muster angegeben, so daß 20 Fäden in der Mitte klargelegt werden können. Dazu lassen Sie in den Ecken jeweils 4 Gewebefäden stehen und schneiden die nächsten 4 Gewebefäden dicht am Plattstich ab. Die mittleren 4 Fäden bleiben stehen. Je zwei Fäden werden zu Stäbchenstegen umwickelt. In die Mitte sticken Sie ein Malteserkreuz.

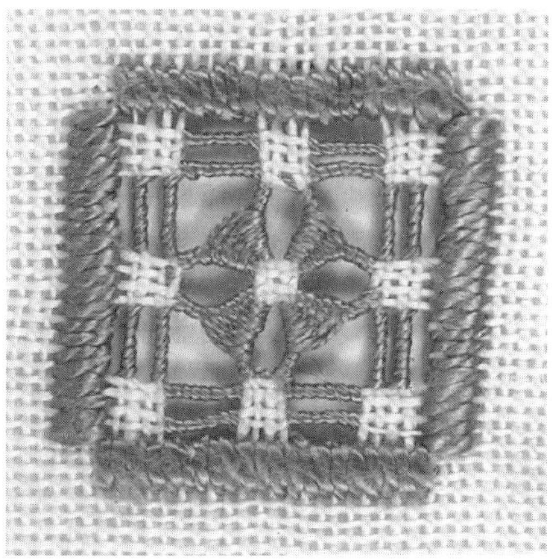

Das Sonnenrad

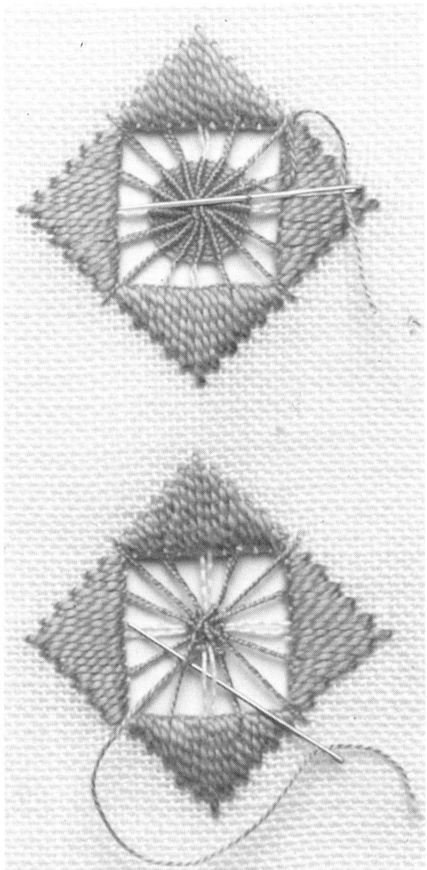

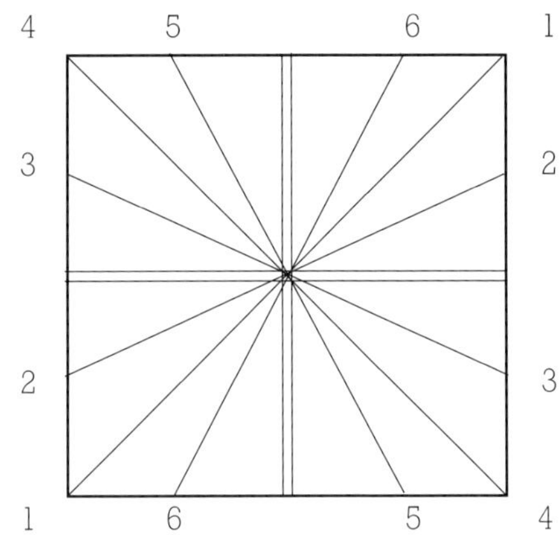

Sie sticken die Plattstichumrandung wie im Muster angegeben. Dann legen Sie das Gewebe über 20 Fäden klar. Dazu schneiden Sie in den Ecken jeweils 9 Gewebefäden dicht am Plattstich ab und lassen 2 Fäden in der Mitte stehen. Durch die Diagonale von Ecke zu Ecke spannen Sie zunächst einen Faden und umwickeln diesen auf dem „Rückweg". In der Ecke angelangt, ziehen sie unter die Plattstichgruppe hindurch zur nächsten Ecke, spannen wieder einen Faden zur gegenüberliegenden Ecke. Zwischen den diagonalen Fäden und dem stehengebliebenen Fadenkreuz ziehen Sie nochmals 2 Fäden ein, so daß Sie insgesamt 6 Fäden eingezogen haben, die alle umwickelt werden.

Mit dem Wickelstich wird das Fadengerüst von der Mitte aus kreisförmig im Uhrzeigersinn umwickelt. Dazu wird das Fadengitter immer einmal umschlungen und dann zum nächsten Faden gestochen, dieser wieder umschlungen und zum nächsten Faden gestochen. Nachdem Sie die Häfte so gewickelt und gefüllt haben, werden 16 Edelweiß-Blättchen eingestopft.

Die Heckenrose

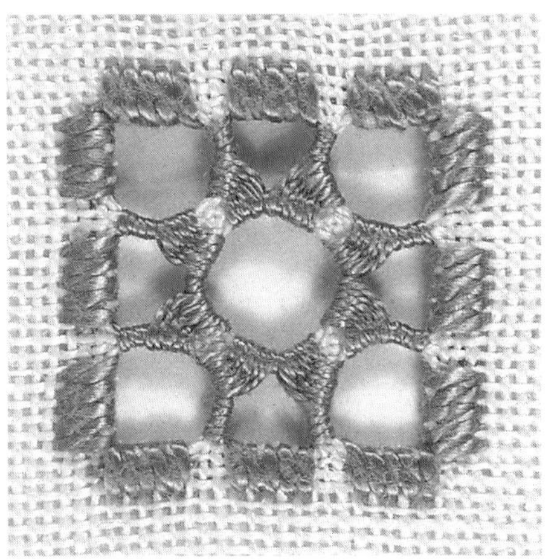

Sie sticken die Plattstichumrandung wie im Muster angegeben und legen das Gewebe klar. Dazu werden die 4 umstickten Gewebefäden in den Ecken und in der Mitte dicht am Plattstich abgeschnitten. Die losen Gewebefäden werden herausgezogen, so daß ein großflächiges Fadengitter mit je 4 Fäden enrsteht. Die stehengebliebenen Fäden werden jeweils mit 1/4 Malteserkreuz gegeneinander gestickt. So entsteht eine Heckenrose.

Verschiedene Säume als Randbefestigungen

Einfach umgelegter Saum mit Tütenecke und Plattstichverzierung

Beim überstickten Plattstichrand legen Sie den Saum in der gewünschten Breite einfach um. Die Ecken werden zu einer Tüte genäht. Für die Tütenecke halbieren Sie die Stoffecke. Dann wird das Dreieck in der gewünschten Saumbreite umgelegt. An der Bruchkante nähen Sie von der linken Seite mit der Maschine durch und schneiden die Ecke großzügig ab. Dieser Schnipsel wird jedoch nicht weggeworfen, sondern als Größenvorlage für die anderen Ecken verwendet.

Wenn Sie den Stoff auf rechts ziehen und die Ecke ausstreichen ist Ihre Tütenecke fertig. Für den weiteren Saum kann diese entstandene Tütenecke dann fadengerade eingeknickt werden. Zwei Fäden unter der Knickkante wird ein Reihfaden rundherum eingezogen.

Über die umgelegte Stoffkante sticken Sie eine Plattstichreihe. Dabei müssen Sie bei jedem Stich die Stoffkante mitfassen, d.h. von der linken Seite muß der Stoffrand komplett überstickt sein.

Für den überstickten Plattstichrand können verschiedene Plattstichmotive und -muster verwendet werden.

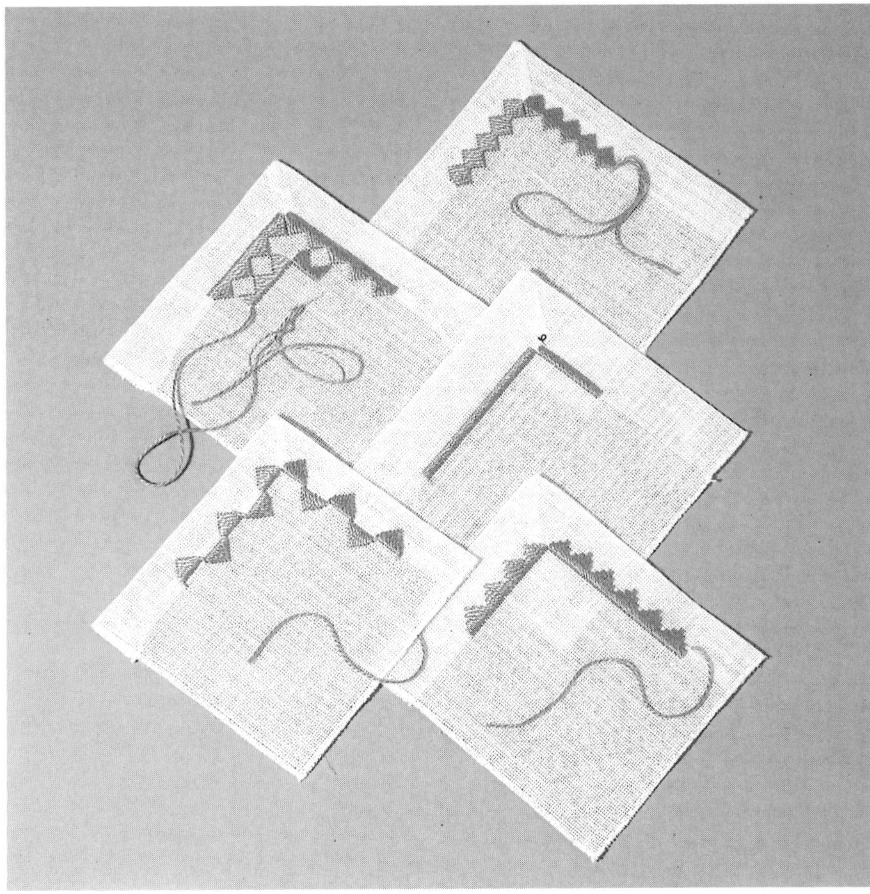

Der doppelt umgelegte Saum mit Briefecken

Zu 1

Zuerst schneiden Sie die Webekanten ca. 1/2 cm tief weg, da sie sich mitunter leicht zusammenziehen.

Einen doppelten Saum zu arbeiten ist deshalb vorteilhaft, weil sich bei einem einfach gearbeiteten Saum ein schmaler Stoffeinschlag durchdrücken würde. Unser Lehrbeispiel ist an einem 3 cm breiten, doppelten Saum gezeigt. Man berechnet also für diesen Saum insgesamt 9 cm, und zwar markieren Sie mit Stecknadeln: 3 cm für die Vorderseite, 3 cm für die Rückseite und 3 cm für den Einschlag. Jeder dieser 3 cm muß die gleiche Anzahl Gewebefäden haben; nur der Einschlag nicht, bei ihm muß am Schnittrand ein Faden weniger sein, damit der Einschlag nach dem Legen des Saumes glatt liegen bleibt. Bei gleichmäßig gewebten Stoffen nur an einer Seite messen und danach die Gewebefäden zählen und an den anderen 3 Seiten die Gewebefäden nur abzählen.

Ist der Stoff nicht gleichmäßig gewebt, hat also die gleiche Zentimeteranzahl in Höhe und Breite eine unterschiedliche Anzahl Gewebefäden, so müssen Sie bei sich gegenüberliegenden Seiten die eine Seite messen und zählen und die andere nur abzählen.

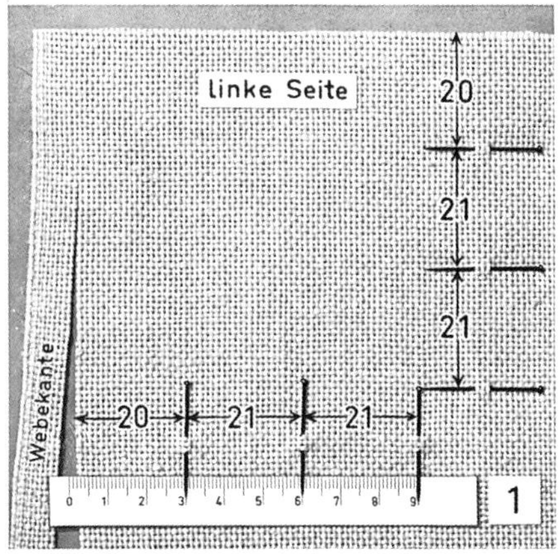

Zu 2

Nach der 3fachen Saumbreite innen ziehen Sie ringsum je 1 oder die gewünschte Anzahl Gewebefäden für den Hohlsaum heraus (an unserem Lehrbeispiel sind der Deutlichkeit halber 2 Gewebefäden herausgezogen). Die Gewebefadenenden an den Enden nicht abschneiden, sondern lose hängen lassen. Dann legen Sie die Fadenenden sorgfältig zurück und nähen sie mit feinem Nähfaden in der Farbe des Stoffes an, und zwar so, daß die Stiche auf der Vorderseite sichtbar werden; etwas kürzer als Saumbreite abschneiden.

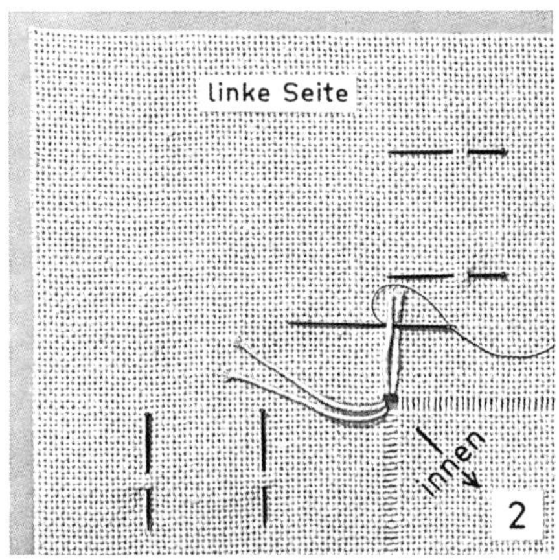

Zu 3

Jetzt legen Sie den Saum wie folgt nach links: von den Stecknadeln ausgehend fadengerade die Bruchkanten ritzen (siehe Abbildung) oder kniffen oder bei synthetischen Stoffen und Wollstoffen heften und bügeln und dann mit wenigen Nadeln den Saum feststecken.

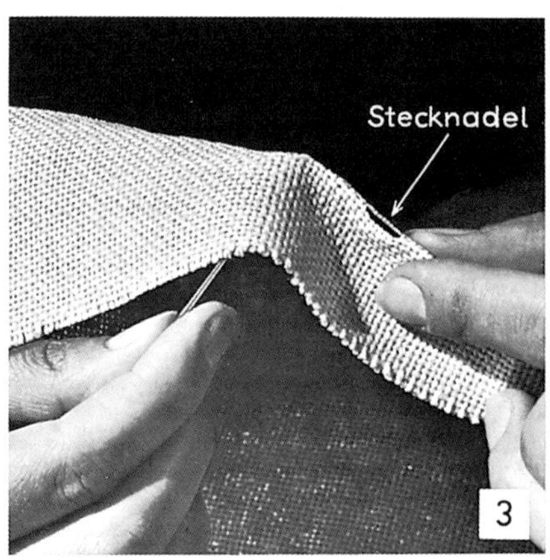

Zu 4

An den Ecken legen Sie nur den Einschlag nach links um. Die Mittelpunkte der 3 Kreise werden wie folgt gefunden und mit Stecknadeln markiert: für Kreis 1 und Kreis 2 geht man vom äußeren Eckpunkt des Eckloches fadengerade nach außen (siehe gestrichelte Linien). Für Kreis 3 ist der Kreuzungspunkt der Bruchkanten der Mittelpunkt. Stecknadeln bis zum Nähen der Ecke stecken lassen. Diese 3 Mittelpunkte evtl. mit einer dünnen Bleistiftlinie miteinander verbinden (Lineal benutzen). Diese Linie verläuft diagonal genau über die Gewebekreuze (siehe punktierte Linie). Arbeit wenden und die Ecke umlegen, nun entstandene Bruchkante (das ist die punktierte Linie) ganz fest bügeln.

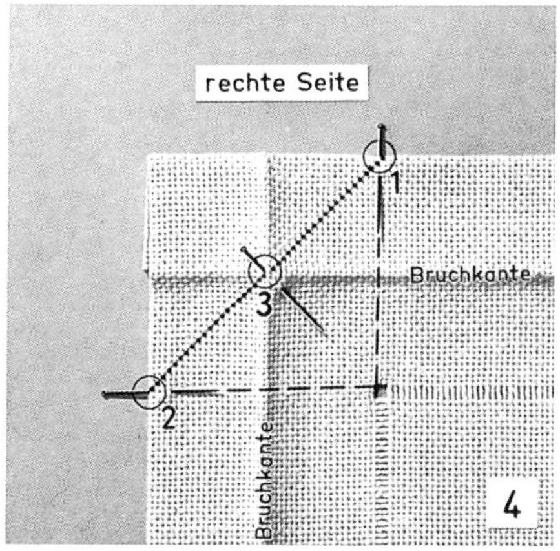

Zu 5

Ca. 1/2 bis 1 cm von dieser Bruchkante entfernt die auf der Abbildung mit einem weißen Feld bezeichnete Stoffecke abschneiden.

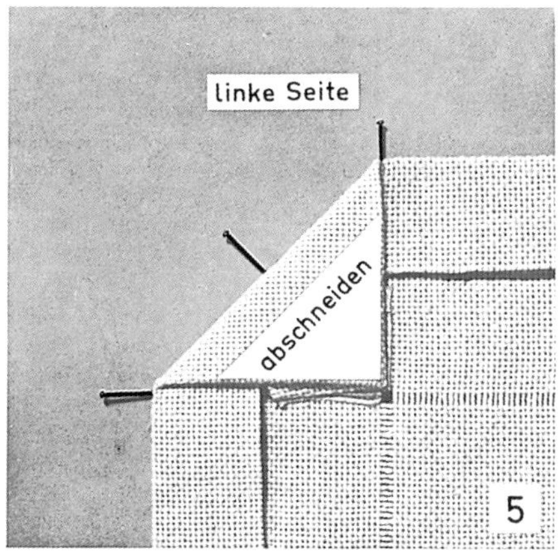

Zu 6

Den verbleibenden schmalen Einschlag der Ecke öffnen und die zwei kleinen Eckchen (eines mit weißem Feld bezeichnet, das andere ist schon abgeschitten) abbildungsgemäß bis etwas über die Bruchkante hinaus abschneiden, Bruchkante ist die punktierte Linie.

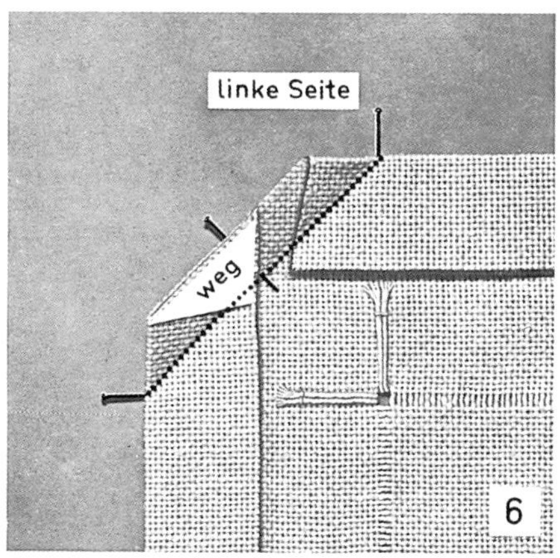

Zu 7

Die Ecke legen Sie so: zuerst den schmalen Einschlag bis zur Bruchlinie umbiegen, dann Nadel Kreis 1 und Nadel Kreis 2 an den äußeren Eckpunkt des Eckloches legen und den Saum an dieser Stelle mit feinem Nähgarn in der Farbe des Stoffes an den äußeren Rändern des Eckloches mit einem kleinen Stich befestigen und die 2 Stecknadeln entfernen. Mit diesem Nähfaden anschließend die zwei diagonal verlaufenden Bruchkanten bis zur Ecke (Stecknadel) mit unsichtbaren Stichen hohl zusammennähen; wesentlich dabei ist, daß Sie jeweils nur einen Gewebefaden fassen, und zwar an jeder Seite den parallel zu dem Saum laufenden Gewebefaden, genau in der Diagonale.

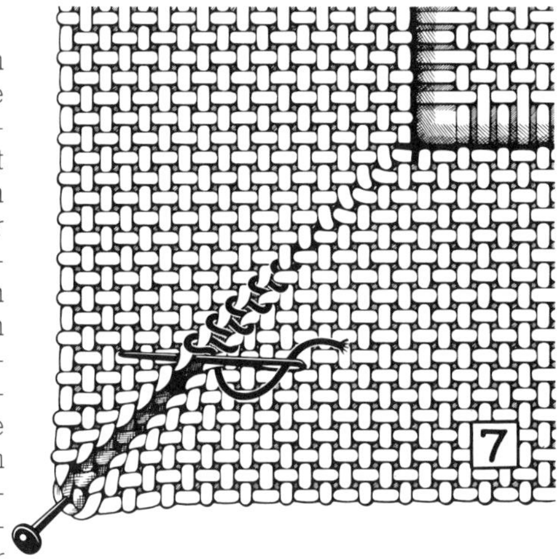

Der einfache Hohlsaum

Nachdem Sie den Saum vorbereitet und die Ecken genäht haben, arbeiten Sie den Hohlsaum auf der linken Seite von links nach rechts. Die Arbeitsproben A und B zeigen das Bündeln von 2 Gewebefäden. Bitte achten Sie darauf, daß Sie beim Anstechen des Saumes ebenfalls 2 Gewebefäden weitergehen. Beim Fassen der Saumkante sollen Sie immer nur, wie die Arbeitsprobe B zeigt, die waagerechten, unmittelbar an der Bruchkante liegenden 2 Gewebefäden fassen, ohne dabei die rechte Seite mit anzustechen. Bei feineren Stoffen können Sie auch 3 oder mehr Gewebefäden bündeln, sie müssen dann am Saum ebenfalls die gleiche Fadenanzahl weitergehen.

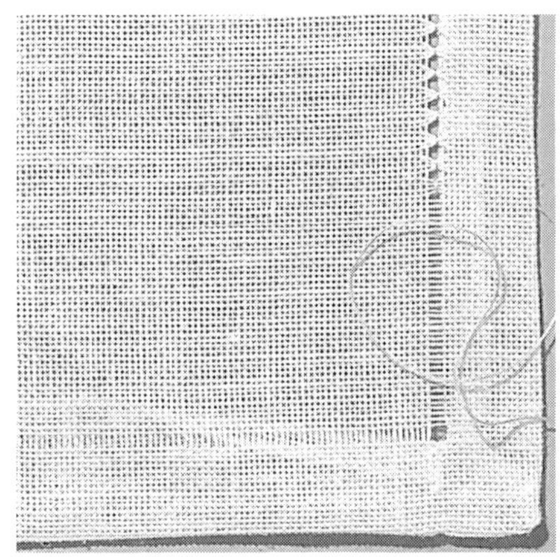

Der Saumabschluß mit Langettenrand

Dieser Saum ist eine für die Hardanger-Stickerei sehr typische Randbefestigung. Man kann den Langettenrand gerade oder in Treppen sticken. Verwenden Sie dazu dünneres Stickgarn als für die Plattstiche, z. B. MEZ Perlgarn Nr. 5 oder Nr. 8.

Den Langettenrand sticken Sie grundsätzlich von links nach rechts. Sie umfassen immer 4 Gewebefäden und sticken von oben nach unten. Dabei ziehen Sie eine Schlinge, indem Sie den Faden mit dem Daumen festhalten. Der Faden liegt unter der Nadel, so daß ein Knoten entsteht.

Beim Langettenrand hat es sich bewährt, die Handarbeit zum Schluß, vor dem Abschneiden des Stoffes mit dem Steppstich zu umnähen. Dazu nähen Sie mit der Nähmaschine und der gleichen Garnfarbe in der äußeren Fadenrinne der Langettenknötchen entlang. Sie erhalten damit einen stabileren Saum und ihre Handarbeit franst auch nach häufigem Waschen nicht so leicht aus.

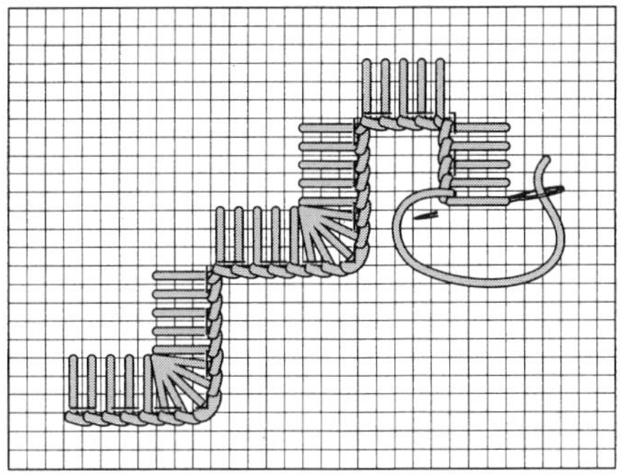

Der Durchbruchrand

Für den Spitzenrand (Durchbruchrand) müssen Sie unbedingt im Stickrahmen weiterarbeiten.

Dazu legen Sie zuerst das Fadengitter frei und schneiden die Gewebefäden am äußersten Plattstichrand in Treppen ab. Dieselben Fäden werden nach weiteren 12 Gewebefäden nach außen nochmal durchgeschnitten. Sie erhalten ein klargelegtes Gewebegitter und stopfen mit dem Stopfstich eine Treppe. Beim Stopfen werden die Ecken mit dem Langettenrand versehen.

Beim Stopfrand mit langettierten Ecken sollten Sie zur Sicherheit und besseren Haltbarkeit die Gewebeecken vor dem Sticken auf der linken Seite mit einem Stoffkleber abtupfen. Sobald der Kleber trocken ist, können Sie die Ecken langettieren.

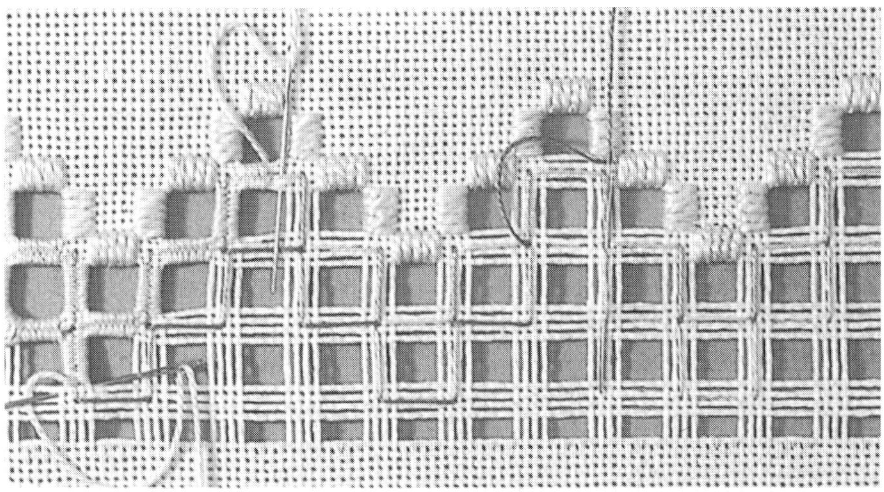

Saumabschluß mit Kästchen- oder Zackenrand

Für diesen Rand benötigen Sie wenig Stoff. Fällt also Ihr Muster einmal sehr knapp bis an den Rand aus, so reichen für den Zackenrand 2 cm Stoffbreite aus. Zunächst schneiden Sie den Stoff rundherum fadengerade ab und sichern ihn mit einem Zickzackstich gegen das Ausfransen. Vom Rand abgezählt wird der 9. und der 14. Faden herausgezogen.

In der Fadenrinne des 9. Fadens sticken Sie einen Rückstich: Zuerst stechen Sie 4 Fäden zurück und zwar von oben nach unten, dann 8 Fäden vor von unten nach oben, wieder 4 Fäden zurück usw.

Nach jedem Stich wird der Faden fest angezogen, so daß ein kleines Loch entsteht.

Danach wird der Stoff zuerst zur Hälfte nach hinten umgelegt und nochmal soweit eingeknickt, daß der Rückstich genau auf der Seitenkante liegt.

Durch die zweite Fadenrinne sticken Sie wieder den Kästchenstich. Dazu schlingen Sie den Faden einmal von der unteren Fadenrinne um die Kante herum und stechen in das gleiche Loch heraus, umschlingen nochmals die Kante, kommen 4 Fäden weiter nach links heraus und sticken einen Rückstich nach rechts. Sie sticken also 4 Fäden in das gleiche Loch zurück und 4 Fäden nach links vor, schlingen dabei jedoch jedesmal um die Stoffkante herum.

Als Verzierung und Randverbreiterung können weitere Kästchenstichreihen gestickt werden.

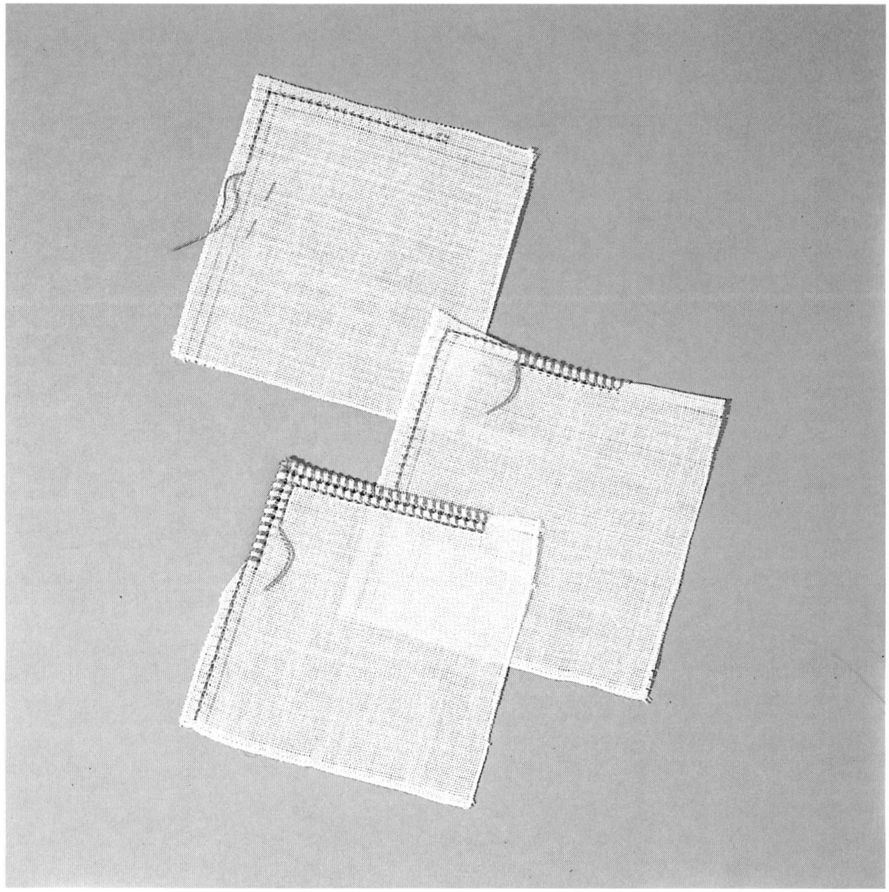

Tips und Tricks für Anfänger und Profis

Zuschnitt des Stoffes

Bei jeder Musterbeschreibung ist die fertige Größe und der Stoffverbrauch mit den Zuschneidemaßen angegeben.

Den fadengerade abgeschnittenen Stoff sichern Sie am besten auf der Nähmaschine mit einem Zickzackstich gegen das Ausfransen.

Die Stoffmitte markieren

Egal, ob Sie in der Mitte oder am Rand mit dem ersten Stich beginnen, eine hilfreiche Regel heißt:

Zuerst die Mitte markieren!

Dazu falten Sie Ihren Stoff kreuzweise: zuerst der Breite und dann der Länge nach. Achten Sie darauf, daß Sie immer fadengerade falten. Zur besseren Orientierung während des Stickens können Sie in die gefalteten Kanten einen farbigen Faden einziehen.

Das Muster beginnt meistens am äußeren Stoffrand in der Mitte einer Seite, also in der geknickten Falte bzw. beim eingezogenen Faden.

Den genauen Abstand von der Schnittkante entnehmen Sie dem jeweiligen Muster.

Auszählen des Musters

Bevor Sie mit dem Sticken anfangen, sollten Sie unbedingt das Muster auszählen.

Die Mustervorlagen zeigen in der Regel nur ein Viertel bzw. die Hälfte eines Stickmotives. Sie sind während des Stickens mustergemäß zu ergänzen.

Dazu ermitteln Sie zunächst die Mitte des Arbeitsstückes und zählen dann die Fäden in Schuß- bzw. Querrichtung.

Die Anzahl dieser Fäden muß immer durch vier teilbar sein und das Ergebnis immer eine ungerade Zahl ergeben.

Merken Sie sich: Die „4" ist die magische Zahl der Hardanger-Stickerei. Das bedeutet, daß immer vier Fäden umstickt werden. Folglich sind alle Zähl-Muster durch vier teilbar.

Beispiel: Das Muster ist über 200 Fäden angelegt. Dann zählen Sie von der Mitte des Stoffes aus 100 waagerecht verlaufende Fäden nach oben und 100 weitere nach unten ab. Markieren Sie die Stelle jeweils mit einer Stecknadel. Wenn Sie nun 100 durch vier teilen so ergibt das 25 und diese Zahl ist ungerade. Sie sticken also 25 Plattstich-Päckchen und Ihr Muster geht auf.

Hätten Sie ein Muster über 240 Fäden angelegt und würden 120 Fäden in jede Richtung abzählen, so käme Ihr Muster nicht hin. Denn 120 läßt sich zwar durch vier teilen, das Ergebnis ist aber gerade.

Kontrollieren der Muster während des Stickens

Um Zählfehler bei Mustern mit vielen Plattstichtreppen zu vermeiden, sollten Sie gleichzeitig auch die inneren Plattstichtreppen sticken. Dabei sticken Sie mit dem ersten Faden die äußeren Plattstichpäckchen. Mit dem nächsten Faden sticken Sie dann aber erst die inneren Plattstichpäckchen, bevor Sie wieder mit dem darauffolgenden Faden außen weitersticken.

Zur Musterkontrolle können Sie mit der Nadel am Gewebefaden entlang von oben nach unten vorbeiziehen und kontrollieren, ob Sie das Zählmuster eingehalten haben.

Pflege der Stickereien

Alle wertvollen Stickereien bedürfen einer besonderen Pflege

Als grundsätzliche Waschanleitung gilt: Leinen ist ein kochfestes Gewebe.

Durch Stickereien veredelt, bedarf es jedoch einer milderen, sprich temperaturschwächeren Pflege. Das bedeutet, erst einmal mit der Hand waschen. Bei Maschinenwäsche ist der Schonwaschgang sehr zu empfehlen. Bei 60 °C lassen sich in der Maschine die meisten Flecken pflegeleicht beseitigen. Hat sich dennoch ein hartnäckiger Fleck in die schöne Hardangerdecke eingeschlichen, läßt sich in manchen Fällen der Kochwaschgang nicht umgehen. Es empfiehlt sich dann, Ihr gutes Stück in einen Kopfkissenbezug einzunähen und es samt Bezug zu kochen. Wichtig ist, daß Sie den Bezug tatsächlich zunähen, nur zuknöpfen reicht nämlich nicht.

Bei den Waschmitteln sollten Sie darauf achten, daß sie keine Aufheller oder Weißmacher enthalten, die den Stoff zu sehr angreifen.

Zudem ist es ratsam, den Stoff möglichst nicht zu schleudern oder zu fest auszudrücken, denn dabei bilden sich Knitterfalten, die Sie in der Regel beim Bügeln schlecht glätten können.

Hardanger-Handarbeiten werden immer von links feucht gebügelt.

Einlaufen von Leinen verhindern

Damit die Gefahr des Einlaufens von Leinen verringert wird, sollten Sie das bestickte Leinen vor der ersten Wäsche eine Nacht in kaltes Wasser (zum Beispiel in die Badewanne) legen. Danach wird die noch nasse Handarbeit von Hand gewaschen.

Lampen abduschen

Damit Ihre Lampe die richtige Form bekommt, hier noch ein heißer Tip. Duschen Sie den kompletten Lampenschirm (natürlich ohne Fassung) heiß ab. Dadurch verdichtet sich das Leinen, der Stoff spannt sich über den Schirm und passt sich den Formen genau an. Die Lampe braucht nicht gebügelt werden. Zum Trocknen wird der Lampenschirm einfach auf ein Handtuch gestellt

Kleine Fehler schnell und einfach beheben

Sollten Sie beim Gewebe klarlegen versehentlich einen oder mehrere Fäden zuviel weggeschnitten haben, so ist das kein Grund zur Verzweiflung.

Sie nehmen einfach einen Gewebefaden vom Rand auf und ziehen die Schadstelle per Hand nach. Dazu wird der Faden zunächst unter den Plattstichgruppen vernäht, dann über die beschädigte Stelle gespannt und schließlich unter den gegenüberliegenden Plattstichgruppen befestigt.

Sollten Sie zwei oder mehr Fäden zuviel abgeschnitten haben, so spannen Sie den Faden nochmals wieder zurück zur anderen Seite und so weiter. Sie verfahren dabei wie beim Strümpfestopfen oder Weben und ziehen per Hand den oder die Fäden wieder ein.

Muster entwerfen und gestalten

Auswahl des Stoffes

Früher arbeitete man Hardanger immer Ton in Ton, d. h. weißer Stoff wurde mit weißem Garn bestickt. Heute bietet der Fachhandel Hardangerstoffe in allen erdenklichen Farben an. Wenn Sie nicht den in den Anleitungen angegebenen Stoff verwenden, sollten Sie die Gewebefäden nachzählen. Bei feinerem Gewebe benötigen Sie weniger und bei groberem Gewebe mehr Fäden als angegeben.

Zuschnitt des Stoffes

Wenn Sie selber Muster entwerfen, dann denken Sie bitte an eine entsprechende Nahtzugabe beim Zuschnitt.

Für eine Tischdecke, die beispielsweise die Maße 80 cm x 80 cm haben soll, schneiden Sie 85 cm x 85 cm Stoff fadengerade zu und sichern die Schnittkante im Zickzackstich mit der Nähmaschine.

Muster selber entwerfen

Da Hardanger aus geometrischen Mustern besteht, lassen sich auf kariertem Papier die tollsten Muster kreieren. Versuchen Sie es einfach einmal!

Jedes Karo ist ein Fadenkreuz des Leinengewebes. Jeweils „4 Karos“ werden von 5 Plattstichen = 5 Striche umstickt. Die Anordnung dieser Plattstichpäckchen bleibt Ihnen überlassen. Sollte Ihr Muster zu kompliziert und unübersichtlich werden, dann verwenden Sie besser Millimeterpapier.

Oftmals ist es viel einfacher und genauso effektvoll, wenn Sie vorliegende Muster abwandeln. Mit anderen Füllungen und Schmuckelementen erzielen Sie völlig neue Wirkungen.

Selbst Stick- und Schnittfehler können notfalls durch Kreativität und Ideen neue Muster ergeben.

Keine Angst, kreativ sein ist gar nicht so schwer!

Auszählen des Musters

Wenn Sie ein neues Muster entwerfen oder ein vorhandenes Muster abwandeln, sollten Sie vor dem Sticken unbedingt das Muster auszählen.

Dazu ermitteln Sie zunächst die Mitte des Arbeitsstückes und zählen dann die Fäden in Schuß- bzw. Querrichtung. Die Anzahl dieser Fäden muß immer durch vier teilbar sein und das Ergebnis immer eine ungerade Zahl ergeben.

Muster heute gestickt – morgen verschenkt

Nachdem Sie bisher alle theoretischen Grundlagen für die Hardanger-Stickerei studieren und ausprobieren konnten, geht es jetzt richtig zur Sache.

Auf den nachfolgenden Seiten finden Sie nun die praktischen Anleitungen zu den unterschiedlichsten Mustern.

Wir haben uns bei der Auswahl der Muster, Stoffe und Garne viel Mühe gegeben und hoffen, daß für jeden Geschmack etwas dabei ist.

Die Musterzeichnungen wurden per Computer erstellt. Das bedeutet, alle Stiche sind stilisiert dargestellt. Die nachfolgende Legende erleichtert Ihnen das Lesen der Muster.

Alle Muster wurden speziell für dieses Buch entworfen und gestickt. Daher finden Sie auch in jeder Anleitung die genauen Materialangaben. Zu den Stickgarntypen haben wir jeweils die in den Mustern ausgeführten Grund- und Zierstiche angegeben. An der Vielzahl der Stichtypen läßt sich so ganz leicht der Schwierigkeitsgrad ableiten. Sie werden feststellen, daß einige tolle Stickarbeiten doch leichter nachzusticken sind als Sie denken.

Die kleinen Stickmuster lassen sich beliebig austauschen oder verwandeln. Mit dem Muster eines Seifensäckchens gestalten Sie zum Beispiel eine Brosche, beziehen einen Haarreifen oder besticken ein Einstecktuch. Mit etwas Fantasie können Sie so ausgefallene und vor allem einmalige „Modelle" sticken.

Sie finden viele der von uns vorgestellten Muster im farbigen Mittelteil des Buches wieder. Denn erst das richtige Ambiente läßt ihre Stickerei voll zur Geltung kommen.

Legende:

Plattstich

Gewebe klarlegen

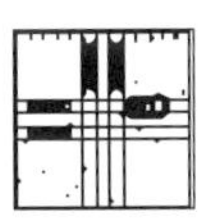
Wickelstege

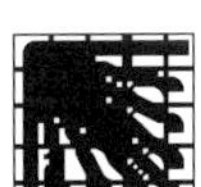
langettierte Ecke

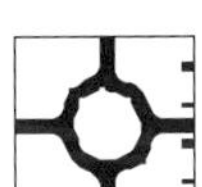
kleine Spinne/Wickelstege

1/4 Malteserkreuz

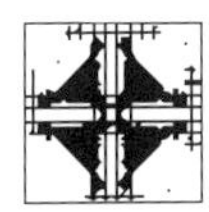
Malteserkreuz

Madeirasternchen

Pikots

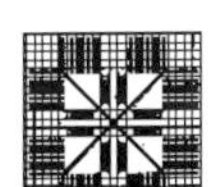
Große Spinne/
diagonaler Wickelstich

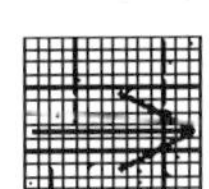
markiert den ersten Stich

Deckchen für das blaue Duftkissen

Größe: 8 x 8 cm

Material:

Leinenrest ca. 20 x 20 cm
MEZ Vierfachgarn Nr. 12 für Plattstich, MEZ Vierfachgarn Nr. 16 für Malteserkreuze, Madeirasternchen und Stopfstich.

So wird es gemacht:

Sie beginnen mit dem äußeren doppelten Plattstichrand und sticken 14 Plattstichtreppen im Quadrat. Im Abstand von 12 Fäden erfolgt wieder eine doppelte Plattstichtreppe. In diese Plattstichquadrate werden Madeirasternchen eingestickt. Dann wird das Gewebe klargelegt. Dazu werden die vier umstickten Gewebefäden jeweils dicht am Plattstich abgeschnitten. Die losen Fäden werden herausgezogen, so daß ein großflächiges Fadengitter aus je vier Gewebefäden entsteht. Diese stehengebliebenen Fäden werden im äußeren Rand mit einem viertel Malteserkreuz umstickt. Das innere Gewebegitter wird in doppelten Stegen gewickelt.

Für den Spitzenrand (Durchbruchrand) müssen Sie unbedingt im Stickrahmen weiterarbeiten. Dazu legen Sie zuerst das Fadengitter frei und schneiden die Gewebefäden am äußeren Plattstichrand in Treppen ab. Dieselben Fäden werden nach weiteren 12 Gewebefäden nach außen nochmal durchgeschnitten. Sie erhalten ein klargelegtes Gewebegitter und stopfen mit dem Stopfstich eine Treppe. Die stehengebliebenen Gewebeecken werden langettiert. Vor dem Sticken der Langettenecken die Kanten mit Stoffkleber betupfen.

Zum Schluß die äußeren Fäden abschneiden und von links feucht bügeln. Das Deckchen auf ein farbiges Duftkissen nähen.

Deckchen für das rosa Duftkissen

Größe: 12 x 12 cm

Material:

Leinenrest ca. 25 x 25 cm
MEZ Vierfachgarn Nr. 12 für Plattstich
MEZ Vierfachgarn Nr. 16 für Malteserkreuze und Stopfstege.

So wird es gemacht:

Sie beginnen mit dem äußeren doppelten Plattstichrand, sticken 12 Plattstichtreppen im Quadrat und dann die Plattstiche in der Mitte. Der Mittelpunkt ist ein Madeirasternchen. Dann wird das Gewebe klargelegt. Dazu werden die vier umstickten Gewebefäden jeweils dicht am Plattstich abgeschnitten. Die losen Fäden werden herausgezogen, so daß ein großflächiges Fadengitter aus je vier Gewebefäden entsteht. Diese stehengebliebenen Fäden werden im inneren Rand mit einem Malteserkreuz umstickt. Für den Spitzenrand (Durchbruchrand) müssen Sie unbedingt im Stickrahmen weiterarbeiten. Dazu legen Sie zuerst das Fadengitter frei und schneiden die Gewebefäden am äußeren Plattstichrand in Treppen ab. Dieselben Fäden werden nach weiteren 30 Gewebefäden (nach außen gezählt) durchgeschnitten. Sie erhalten ein klargelegtes Gewebegitter und stopfen mit dem Stopfstich drei Treppen. Die stehengebliebenen Geweheecken werden langettiert. Vor dem Sticken der Langettenecken die Kanten mit Stoffkleber betupfen.

Zum Schluß die äußeren Fäden abschneiden und von links feucht bügeln. Das Deckchen auf ein farbiges Duftkissen nähen.

Deckchen für das grüne Duftkissen

Größe: 6 x 6 cm

Material:

Leinenrest ca. 25 x 25 cm
MEZ Perlgarn Nr. 8 für Plattstich, Stopfstich, Malteserkreuz und Langettenstich.

So wird es gemacht:

Sie beginnen mit der Langettenumrandung und sticken eine Treppe über 6 Langettenpäckchen. Die Ecken des Untersetzers werden über 12 Langettenstiche gestickt.

Dann sticken Sie alle Plattstichpäckchen wie im Muster angegeben. Anschließend wird das Gewebe klargelegt. Dazu werden die Fäden jeweils dicht am Plattstich abgeschnitten. Die losen Fäden werden herausgezogen, so daß in jeder Ecke und in der Mitte ein Fadengitter aus je vier Gewebefäden entsteht. Diese stehengebliebenen Fäden werden mit dem Malteserkreuz gefüllt. Den Langettenrand nach dem Sticken mit der Nähmaschine durchsteppen.

Zum Schluß die äußeren Fäden abschneiden und von links feucht bügeln. Das Deckchen auf ein farbiges Duftkissen nähen.

Weiß-grünes Seifensäckchen

Größe: 15 x 19 cm

Material:

Leinenreste beliebiger Größe, zum Beispiel 15 x 30 cm,
MEZ Perlgarn Nr.8 für Stopfstich, Malteserkreuze und Madeirasternchen.
MEZ Perlgarn Nr.5 für Plattstich.

So wird es gemacht:

Das Karo wird über acht Plattstichpäckchen im Quadrat gestickt. Sie beginnen mit der doppelten Plattstichtreppe, die mit Madeirasternchen verziert wird. In der Mitte wird die Malteserkreuzumrandung wie im Muster gezeichnet mit Plattstichen gestickt. Das Gewebe wird klargelegt, indem Sie dicht am Plattstich vier Fäden abschneiden und die nächsten vier Fäden stehenlassen. In das Fadengerüst sticken Sie ein Malteserkreuz ein.

Zum Schluß die äußeren Fäden abschneiden und von links feucht bügeln. Den Stoff zu einem Säckchen nähen und mit farbigem Stoff unterlegen.

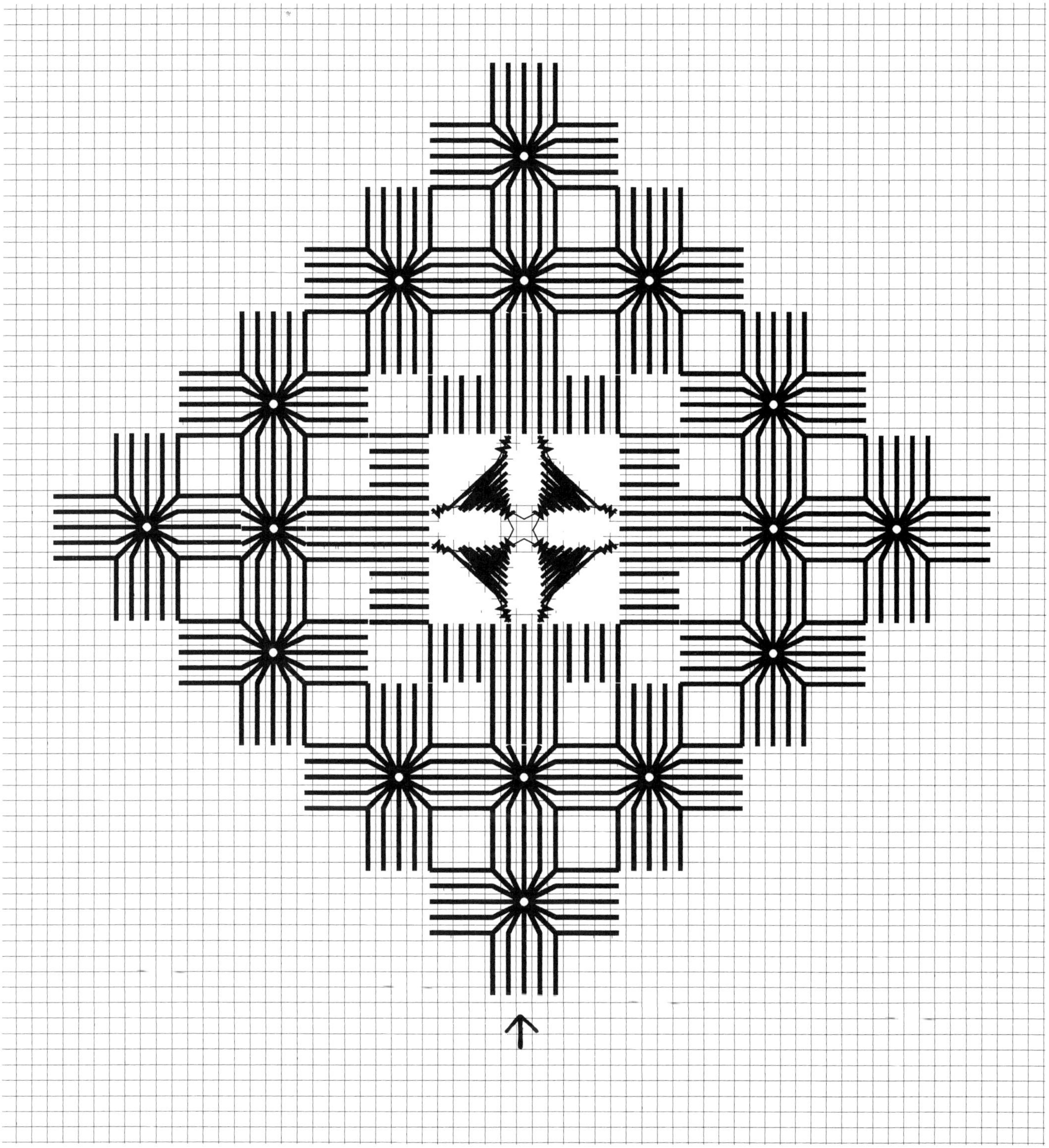

Blaue Grußkarte

Material:

Leinenrest, zum Beispiel 12 x 18 cm, MEZ Perlgarn Nr. 8 für Plattstich, Stopfstich, Malteserkreuze und Maschenstich. Passepartout-Karten.

So wird es gemacht:

Sie beginnen mit der Plattstichumrandung des Karos. Diese Plattstiche sind wie folgt angeordnet: 2 x über 4, 6, 8, 10, 12 Fäden und 1 x über 14 Fäden und zurück wieder über 2 x 12, 10, 8, 6, 4, Fäden. Anschließend wird das Gewebe des Durchbruchquadrates klargelegt. Dazu bleiben die vier Gewebefäden in den Ecken stehen, die nächsten vier Fäden werden dicht am Plattstich abgeschnitten, so daß in der Mitte wiederum vier Fäden stehenbleiben. Die losen Fäden werden herausgezogen, so daß ein großflächiges Fadengitter aus je vier Gewebefäden entsteht. Diese stehengebliebenen Fäden werden in der äußeren Runde zu zwei Stegen mit je zwei Fäden umwickelt. In der Mitte wird ein Malteserkreuz eingestickt. Um das Muster wird im Abstand von vier Fäden ein dreifacher Maschenstich gestickt.

Zum Schluß die äußeren Fäden abschneiden und von links feucht bügeln. Das Deckchen in die Passepartoutkarte einkleben.

Rosa Grußkarte

Material:

Leinenrest, zum Beispiel 12 x 18 cm, MEZ Perlgarn Nr. 8 für Plattstich, Stopfstich und Malteserkreuz, Passepartout-Karte.

So wird es gemacht:

Sie beginnen mit der Plattstichumrandung des Karos. Diese Plattstiche sind wie folgt angeordnet: 2 x über 4, 6, 8, 10, 12 Fäden und 1 x über 14 Fäden und zurück wieder über 2 x 12, 10, 8, 6, 4, Fäden. Anschließend wird das Gewebe des Durchbruchquadrates klargelegt. Dazu werden die vier Gewebefäden in den Ecken dicht am Plattstich abgeschnitten, die nächsten vier Fäden bleiben stehen, die darauffolgenden werden abgeschnitten usw. Die losen Fäden werden herausgezogen, so daß ein großflächiges Fadengitter aus je vier Gewebefäden entsteht. In die Ecken sticken Sie jeweils ein Viertel-Malteserkreuz. Alle anderen stehengebliebenen Fäden werden zu Stäbchen gewickelt. In der Mitte stoßen vier Viertel-Malteserkreuze zusammen.

Zum Schluß die äußeren Fäden abschneiden und von links feucht bügeln. Das Deckchen in die Passepartoutkarte einkleben.

Lesezeichen

Größe: 8 x 15 cm

Material:

Leinenrest, 15 x 20 cm
MEZ Perlgarn Nr.8 für Stopfstich und Pikots, MEZ Perlgarn Nr.5 für Langettenstich und Plattstich.

So wird es gemacht:

Sie beginnen in der Mitte der Längsseite mit dem Plattstichrand, daß heißt, Sie sticken waagerecht jeweils die Plattstichpäckchen wie im Muster angegeben. Anschließend befestigen Sie diese Umrandung mit dem Langettenstich, wobei Sie immer zwischen zwei Plattstichpäckchen über 8 Fäden sticken. Das Mittelmuster sticken Sie im Abstand von 12 Fäden und beginnen mit der Plattstichumrandung laut Muster. Anschließend wird das Gewebe des Durchbruchquadrates klargelegt. Dazu werden die vier umstickten Gewebefäden jeweils dicht am Plattstich abgeschnitten. Die losen Fäden werden herausgezogen, so daß ein großflächiges Fadengitter aus je vier Gewebefäden entsteht. Diese stehengebliebenen Fäden werden mit dem Stopfstich umstickt und mit Pikots verziert. Für die Fransen bzw. Quaste wird das Quadrat mustergemäß ausgeschnitten und etwa 8 Fäden mit einer Länge von 20 cm doppeltgelegt und durch dieses Loch verknotet.

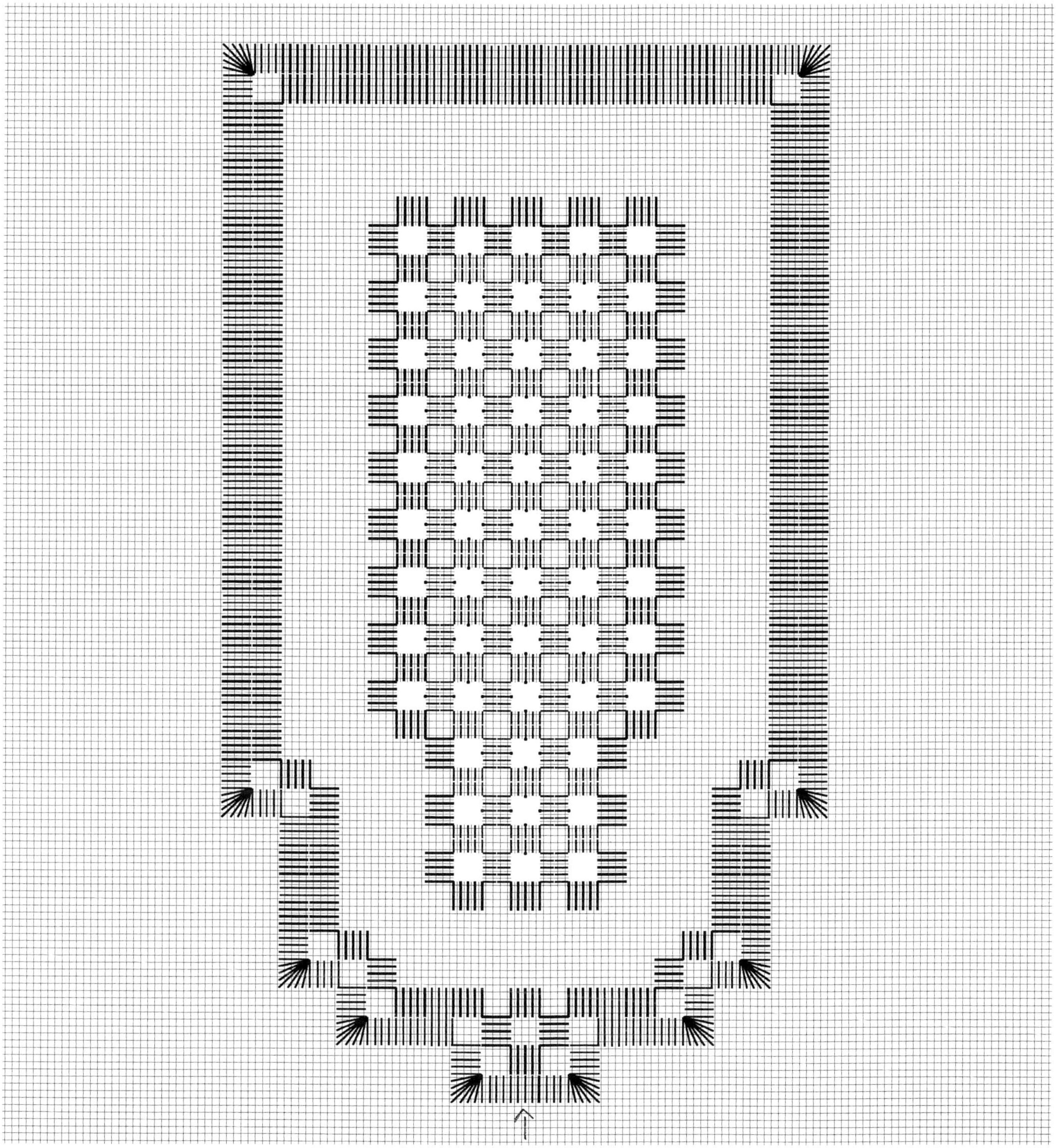

Zeitungsband

Material:

130 cm Leinenband mit fertiger Schmuckkante, 12 cm breit, Vorderseite 80 cm, Rückseite 50 cm, MEZ Perlgarn Nr.8 für Plattstich, Stopfstich, Malteserkreuz und Papillon.

So wird es gemacht:

Sie beginnen 10 cm ab Schnittkante mit dem obersten Karo. Alle drei Karos sind gleich groß. Die Plattstichtreppen des ersten Karos bestehen aus 10 Plattstichpäckchen im Quadrat. Im Abstand von 20 Fäden wird in der Mitte ein kleines Karo über vier Plattstichpäckchen gestickt. Anschließend wird das Gewebe des Durchbruchquadrates klargelegt. Dazu werden die vier umstickten Gewebefäden jeweils dicht am Plattstich abgeschnitten. Die losen Fäden werden herausgezogen, so daß ein großflächiges Fadengitter aus je vier Gewebefäden entsteht. Diese stehengebliebenen Fäden werden mit dem Stopfstich umstickt. Das zweite Karo wird im Abstand von 17 cm gestickt. Sie beginnen mit der doppelten Plattstichtreppe. Das Gewebe wird wie oben beschrieben klargelegt. Die stehengebliebenen Fäden werden, wie im Muster gezeichnet, zu Stäbchen über je zwei Fäden gewickelt und mit Viertel-Malteserkreuzen verziert. Das dritte Karo erfolgt wiederum im Abstand von 17 cm und wird mit einer einfachen Plattstichtreppe umstickt. Die Plattstichumrandung der vier Papillonfüllungen erfolgt wie im Muster angegeben. Die Papillonfüllung wird wie auf S. 23 beschrieben gestickt. In das bestickte Band (80 cm) nähen Sie drei Schlaufen von jeweils 23 cm. Dann nähen Sie die Rückseite an die Vorderseite und steppen 3cm vom oberen Rand einmal durch, damit Sie das Band auch aufhängen können.

Oberes Motiv

Mittleres Motiv des Zeitungsbandes

Unteres Motiv des Zeitungsbandes

Weiß-rosa Schmuck-schleife

Material:

160 cm fertiges Schleifenband aus Leinen beliebiger Breite mit vorgefertigter Kante. Für den Riegel 8 cm Leinenband abschneiden und zurücklassen.
MEZ Perlgarn Nr. 8 für Plattstich, Stopfstich, Wickelstich, Madeirasternchen Malteserkreuz und Kleeblatt.

So wird es gemacht:

Sie legen das Schleifenband in der Länge doppelt und markieren die Mitte. Sie schneiden die Schleife wie beschrieben zu und sticken zunächst die Plattstich- und Langettenspitzen. Für diese Schmuckschleife beginnen Sie 3 cm ab der unteren Spitze mit den Plattstichen des untersten Karos. Die Plattstichpäckchen sind nicht wie üblich einheitlich über vier Fäden gestickt, sondern über 4, 5, 6, 5, 4 Fäden. Anschließend wird das Gewebe klargelegt. Dazu werden die vier umstickten Gewebefäden jeweils dicht am Plattstich abgeschnitten. Die losen Fäden werden herausgezogen, so daß ein Fadengitter aus je vier Gewebefäden entsteht. Diese stehengebliebenen Fäden werden im ersten Karo gewickelt, im zweiten mit Stopf- und Wickelstichen gefüllt, im dritten über zwei mal zwei Fäden gewickelt, so daß zwei Stäbchen nebeneinander liegen und im vierten schießlich wieder gewickelt.

Auf dem anderen Schleifenende sticken Sie zunächst die Plattstichumrandung laut Muster. Es bleiben 20 Fäden für die Füllung stehen. Anschließend wird das Gewebe klargelegt. Dazu bleiben jeweils in den Ecken vier Fäden stehen und 12 Fäden werden jeweils dicht am Plattstich abgeschnitten.

Schmuckschleife mit besonders edlen Füllungen

Die stehengebliebenen Fäden werden mit dem Stopfstich und dem Wickelstich (Spinne) umstickt. Das Gewebe des zweiten Motives (von unten gezählt) legen Sie klar, indem Sie jeweils vier Fäden abschneiden und vier Fäden stehenlassen. Das entstandene Fadengitter wird einfach gewickelt. Beim dritten Motiv werden nur die Ecken über vier Fäden klargelegt. Die verbleibenden 12 Fäden werden über vier Fäden zu drei Stegen gestopft. Die Mitte wird mit einem Madeirasternchen gefüllt. Das Gewebe des vierten Motives legen Sie klar, indem Sie jeweils vier Fäden stehenlassen und vier Fäden abschneiden . Das entstandene Fadengitter wird einmal rundherum über zwei Fäden gewickelt. In den Ecken wird dann ein halbes Malteserkreuz und in der Mitte ein ganzes Malteserkreuz gestickt. Die Seiten des Riegels sind mit einem Plattstich umstickt und in der Mitte mit einem Kleeblättchen verziert.

Die 8 cm Stoff, die Sie für den Riegel der Schleife abgeschnitten haben, nähen Sie zu einem Ring. Dazu legen Sie die rechten Seiten nach innen und nähen die Enden zusammen. Dann den Schlauch auf rechts ziehen. An den Enden eine Öse und einen Knopf nähen. Es wäre zu umständlich und stoffverschwenderisch, eine herkömmliche Schleife zu binden. Einfacher ist es so: Sie legen das Schleifenband doppelt aufeinander und bilden zwei gleich große Schlaufen. Die Enden dieser Schlaufen werden gekreuzt und die fertige Schleife mit dem Riegel zusammengefaßt.

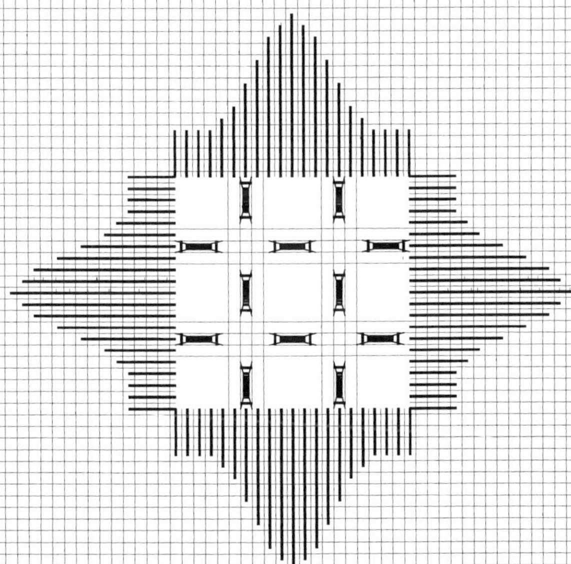

Weiß-grüne Schmuckschleife

Ein hübsches Motiv mit Monogramm

Material:

160 cm fertiges Schleifenband aus Leinen beliebiger Breite mit vorgefertigter Kante.
Für den Riegel 8 cm Leinenband abschneiden und zurücklassen.
MEZ Perlgarn Nr.8 für Plattstich, Stopfstich und Pikots.

So wird es gemacht:

Sie legen das Schleifenband in der Länge doppelt und markieren die Mitte. Für diese Musterschleife beginnen Sie drei Zentimeter ab der gestickten Spitze mit einem Plattstichkaro über acht Plattstichtreppen. Anschließend wird das Gewebe klargelegt. Dazu werden die vier umstickten Gewebefäden jeweils dicht am Plattstich abgeschnitten. Die losen Fäden werden herausgezogen, so daß ein großflächiges Fadengitter aus je vier Gewebefäden entsteht. Diese stehengebliebenen Fäden werden einfach gestopft. Das Sternchen wird mit einem Plattstich, wie im Muster angegeben, umrandet. Die Stiche laufen über 4, 6, 8, 6, 4 Fäden. Die Mitte von vier Fäden wird einfach ausgeschnitten. Ihre Initialen können Sie beliebig anordnen. Die Buchstaben werden immer mit zwei Plattstichumrandungen umstickt. Beim Klarlegen werden immer vier Fäden dicht am Plattstich abgeschnitten und vier Fäden bleiben stehen, die dann wiederum gewickelt werden. Das kleine Karo zwischen den Initialen besteht aus sechs Plattstichtreppen.

Anschließend wird das Gewebe des Durchbruchquadrates klargelegt. Die stehengebliebenen Fäden werden über jeweils zwei Fäden gewickelt und mit dem Wickelstich (Spinne) umstickt. In das andere Schleifenende sticken Sie drei gleiche Karos über acht Plattstichtreppen. Das Gewebe wird wie oben beschrieben klargelegt. Das untere Karo wird wieder über zwei mal zwei Fäden gewickelt. Bei dem mittleren Karo werden die stehengebliebenen Fäden gestopft und mit kleinen Spinnen verziert. Das obere Karo wird ebenfalls gestopft und mit Pikots versehen. Die 8 cm Stoff, die Sie für den Riegel der Schleife abgeschnitten haben, nähen Sie zu einem Ring. Dazu legen Sie die rechten Seiten nach innen und nähen die Enden zusammen. Dann den Schlauch auf rechts ziehen. An den Enden eine Öse und einen Knopf nähen. Es wäre zu umständlich und stoffverschwenderisch, eine herkömmliche Schleife zu binden. Einfacher ist es so: Sie legen das Schleifenband doppelt aufeinander und bilden zwei gleich große Schlaufen. Die Enden dieser Schlaufen werden gekreuzt und die fertige Schleife mit dem Riegel zusammengefaßt.

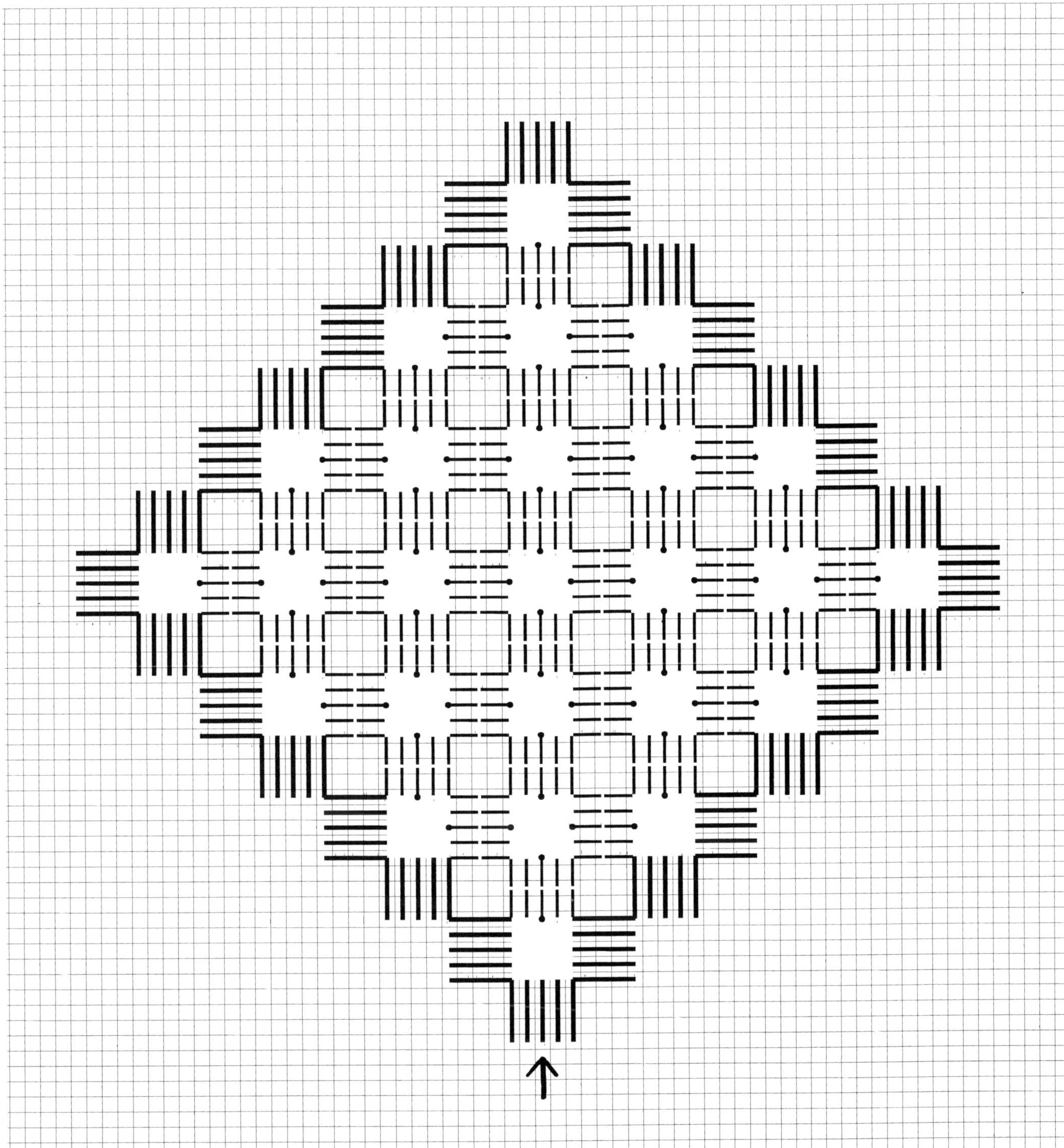

Beige-gelbe Schmuck-schleife

Material:

160 cm fertiges Schleifenband aus Leinen beliebiger Breite mit vorgefertigter Kante.
Für den Riegel 8 cm Leinenband abschneiden und zurücklassen.
MEZ Perlgarn Nr. 8 für Plattstich, Stopfstich und Malteserkreuze.

So wird es gemacht:

Sie legen das Schleifenband in der Länge doppelt und markieren die Mitte. Sie sticken zunächst die Plattstiche und die Langettenspitze. Bei dieser Musterschleife ist die ganze Spitze bestickt, so daß die Plattstichtreppe zu einem Quadrat geschlossen wird. Anschließend wird das Gewebe des Durchbruchquadrates klargelegt. Dazu werden die vier umstickten Gewebefäden jeweils dicht am Plattstich abgeschnitten. Die losen Fäden werden herausgezogen, so daß ein großflächiges Fadengitter aus je vier Gewebefäden entsteht. Diese stehengebliebenen Fäden werden mit dem Stopfstich und dem Wickelstich (Spinne) umstickt. Die Ecken sind außerdem mit zwei Malteserkreuzen verziert. Das obere Karo wird, wie im Muster angegeben, mit Plattstichen umstickt. Die Spitzen bestehen jeweils aus einem Malteserkreuz. Die Mitte ist gestopft und mit dem Wickelstich (Spinne) verziert. Die oberen Plattstichmotive werden laut Muster ausgezählt. Die 8 cm Stoff, die Sie für den Riegel der Schleife abgeschnitten haben, nähen Sie zu einem Ring. Dazu legen Sie die rechten Seiten nach innen und nähen die Enden zusammen. Dann den Schlauch auf rechts ziehen. An den Enden eine Öse und einen Knopf nähen.

Es wäre zu umständlich und stoffverschwenderisch, eine herkömmliche Schleife zu binden. Einfacher ist es so: Sie legen das Schleifenband doppelt aufeinander und bilden zwei gleich große Schlaufen. Die Enden dieser Schlaufen werden gekreuzt und die fertige Schleife mit dem Riegel zusammengefaßt.

Untersetzer mit doppeltem Madeirarand

Größe: 10 x 10 cm

Material:

Leinenrest ca. 20 x 20 cm
MEZ Vierfachgarn Nr. 12 für Plattstich
MEZ Vierfachgarn Nr. 16 für Stopfstich und Malteserkreuze.

So wird es gemacht:

Sie beginnen in der Mitte einer Seite und sticken zunächst den äußeren Plattstichrand mit 12 Plattstichtreppen im Quadrat. Als äußeren Abschluß sticken Sie den Langettenrand. Dann wird die Doppelreihe Madeirasternchen gestickt. In die Mitte wird ein Quadrat mit 6 Plattstichpäckchen gestickt. Anschließend wird das Gewebe klargelegt. Dazu werden die vier umstickten Gewebefäden jeweils dicht am Plattstich abgeschnitten. Die losen Fäden werden herausgezogen, so daß ein großflächiges Fadengitter aus je vier Gewebefäden entsteht. Diese stehengebliebenen Fäden werden mit einem Viertel-Malteserkreuz und Wickelstegen gefüllt.

Zum Schluß die äußeren Fäden abschneiden und von links feucht bügeln.

Die Mustervorlagen finden Sie auf Seite 73.

Siehe auch S. 42, 56, 60, 76 und 118.

Siehe auch S. 84 und 124.

Siehe auch S. 90 und 92.

Siehe auch S. 54, 102 und 108.

Siehe auch S. 108.

Siehe auch S. 111.

Siehe auch S. 86, 88 und 114.

Siehe auch S. 126 und 134.

Siehe auch S. 128 und 136.

Siehe auch S. 104, 111 und 138.

Siehe auch S. 106 und 142.

Siehe auch S. 150, 153 und 156.

Untersetzer mit diagonalem Wickelstich

Größe: 10 x 10 cm

Material:

Leinenrest ca. 20 x 20 cm.
MEZ Perlgarn Nr. 5 für Plattstich,
MEZ Perlgarn Nr. 8 für Stopfstich,
Spitzenrand und Wickelstege.

So wird es gemacht:

Sie beginnen, 20 Fäden von der Schnittkante, mit der doppelten Plattstichtreppe über 8 Plattstichpäckchen im Quadrat. Diese Plattstichtreppe wird mit Madeirasternchen gefüllt. Anschließend wird das Gewebe des inneren Durchbruchquadrates klargelegt. Dazu werden die vier umstickten Gewebefäden jeweils dicht am Plattstich abgeschnitten. Die losen Fäden werden herausgezogen, so daß ein großflächiges Fadengitter aus je vier Gewebefäden entsteht. Diese stehengebliebenen Fäden werden mit dem Stopfstich und dem diagonalen Wickelstich umstickt. Für den Spitzenrand (Durchbruchrand) müssen Sie unbedingt im Stickrahmen weiterarbeiten. Dazu legen Sie zuerst das Fadengitter frei und schneiden die Gewebefäden am äußeren Plattstichrand in Treppen ab. Die gleichen Fäden werden nach weiteren 12 Gewebefäden (nach außen gezählt) noch einmal durchgeschnitten. Sie erhalten ein klargelegtes Gewebegitter und stopfen mit dem Stopfstich eine Treppe. Die stehengebliebenen Gewebeecken werden im gleichen Arbeitsgang langettiert. Die Langettenecken werden vor dem Sticken mit Stoffkleber betupft.

Weißer Untersetzer mit Spitzenrand

Größe: 10 x 10 cm

Material:

Leinenrest ca. 20 x 20 cm. MEZ Vierfachgarn Nr. 12 für Plattstich, MEZ Vierfachgarn Nr. 16 für Malteserkreuze und Stopfstege.

So wird es gemacht:

Sie beginnen, 20 Fäden von der Schnittkante, mit der Plattstichtreppe über 14 Plattstichpäckchen im Quadrat. Im Abstand von 12 Fäden sticken Sie die zweite Treppe über 10 Plattstichpäckchen. Anschließend wird das Gewebe klargelegt. Dazu werden die vier umstickten Gewebefäden jeweils dicht am Plattstich abgeschnitten. Die losen Fäden werden herausgezogen, so daß ein großflächiges Fadengitter aus je vier Gewebefäden entsteht. Diese stehengebliebenen Fäden werden in zwei Runden jeweils mit einem Viertel-Malteserkreuz umstickt.

Für den Spitzenrand (Durchbruchrand) müssen Sie unbedingt im Stickrahmen weiterarbeiten. Dazu legen Sie zuerst das Fadengitter frei und schneiden die Gewebefäden am äußeren Plattstichrand in Treppen ab. Dieselben Fäden werden nach weiteren 12 Gewebefäden (nach außen hin gezählt) nochmal durchgeschnitten. Sie erhalten ein klargelegtes Gewebegitter und stopfen mit dem Stopfstich eine Treppe. Die stehengebliebenen Gewebeecken werden im selben Arbeitsgang langettiert. Vor dem Sticken der Langettenecken die Kanten mit Stoffkleber betupfen.

Weißes Deckchen mit Edelweiß

Größe: 16 x 16 cm

Material:

*Leinen 8,4 Fäden/cm, ca. 30 x 30 cm.
MEZ Perlgarn Nr. 5 für Plattstich,
MEZ Perlgarn Nr. 8 für Stopfstich,
Madeirasternchen und Edelweiß.*

So wird es gemacht:

Sie beginnen 8 cm von der Schnittkante, mit der doppelten Plattstichtreppe über 16 Plattstichpäckchen im Quadrat, die mit Madeirasternchen gefüllt werden. Die Plattstichumrandung der Edelweißfüllungen in den Ecken und in der Mitte des Deckchens sticken Sie wie im Muster angegeben. Für den Spitzenrand (Durchbruchrand) müssen Sie unbedingt im Stickrahmen weiterarbeiten. Dazu legen Sie zuerst das Fadengitter frei und schneiden die Gewebefäden am äußeren Plattstichrand in Treppen ab. Dieselben Fäden werden nach weiteren 30 Gewebefäden (nach außen gezählt) durchgeschnitten. Sie erhalten ein klargelegtes Gewebegitter, das über zwei Runden mit dem Stopfstich in Treppen gestopft wird. In der dritten Runde werden im gleichen Arbeitsgang die stehengebliebenen Gewebeecken langettiert. Vor dem Sticken der Langettenecken die Kanten mit Stoffkleber betupfen.

Blau-weißes Spitzen-deckchen

Größe: 15 x 15 cm

Material:

Siebleinen 8,4 Fäden/cm, ca. 30 x 30 cm. MEZ Perlgarn Nr. 5 für Plattstich, MEZ Perlgarn Nr. 8 für Stopfstich, Wickelstich und Madeirasternchen.

So wird es gemacht:

Sie beginnen 8 cm von der Schnittkante mit der doppelten Plattstichtreppe über 12 Plattstichpäckchen im Quadrat. Das Mittelmotiv wird über vier Plattstichpäckchen gestickt. Anschließend wird das Gewebe des kleinen Durchbruchquadrates klargelegt. Dazu werden die vier umstickten Gewebefäden jeweils dicht am Plattstich abgeschnitten. Die losen Fäden werden herausgezogen, so daß ein Fadengitter aus je vier Gewebefäden entsteht. Diese stehengebliebenen Fäden werden mit dem Stopfstich und dem Wickelstich (Spinne) umstickt. Die verbleibende Mitte wird mit Madeirasternchen verziert.

Für den Spitzenrand (Durchbruchrand) müssen Sie unbedingt im Rahmen weiterarbeiten. Dazu legen Sie zuerst das Fadengitter frei und schneiden die Gewebefäden am äußeren Plattstichrand in Treppen ab. Dieselben Fäden werden nach weiteren 30 Gewebefäden (nach außen gezählt) nochmal durchgeschnitten. Sie erhalten ein klargelegtes Gewebegitter, das über zwei Runden mit dem Stopfstich in Treppen gestopft wird. In der dritten Runde werden im gleichen Arbeitsgang die stehengebliebenen Gewebeecken langettiert. Vor dem Sticken der Langettenecken die Kanten mit Stoffkleber betupfen.

Deckchen mit fünffachem Kästchenrand

Größe: 40 x 40 cm

Material:

Leinen 38 x 38 cm , 10,4 Fäden/cm. MEZ Vierfachgarn Nr.12 für Plattstich, MEZ Vierfachgarn Nr.16 für Stopfstich, Wickelstich, Madeirasternchen und Sonnenrad.

So wird es gemacht:

Sie beginnen in der Mitte der Seite ca. 7,5 cm vom Rand mit den Plattstichpäckchen und sticken 29 Plattstichpäckchen im Quadrat. Nach 28 Fäden sticken Sie das innere Plattstichquadrat über 21 Plattstichpäckchen. Genau in der Mitte, vier Fäden ab Innenrand, sticken Sie eine Raute über 20 Plattstichtreppen im Quadrat. Im Abstand von weiteren 36 Fäden erfolgt die innere Plattstichtreppe über 10 Plattstichpäckchen. Die Einfassung des Sonnenrades wird 10 Fäden vom innersten Rand, genau in der Mitte mit einmal 14 zweimal 12, 10, 8, 6, 4, 4, 6, 8, 10, 12 und wieder einmal 14 Fäden überstickt. Die Sonnenradfüllung wie beschrieben einsticken. Jetzt erfolgt das Klarlegen des Gewebes. Dazu schneiden Sie bei dem inneren Durchbruchquadrat wie gehabt jeweils vier Fäden dicht am Plattstich ab. Die vier stehengebliebenen Fäden werden gestopft und mit dem Wickelstich verziert. Für den äußeren Durchbruchrand schneiden Sie jeweils in den vier äußeren und inneren Ecken vier Fäden ab. Dadurch lassen sich die Längsfäden automatisch herausziehen. Die gegenüberliegenden Querfäden werden an den einzelnen Plattstichpäckchen abgeschnitten. Die stehengebliebenen Fäden werden nur in Querrichtung gestopft. Das in den Ecken stehengebliebene Gewebefeld wird mit vier Plattstichgruppen und Madeirasternchen verziert.

Den äußeren Rand fassen Sie mit 5 Reihen Kästchenstich ein.

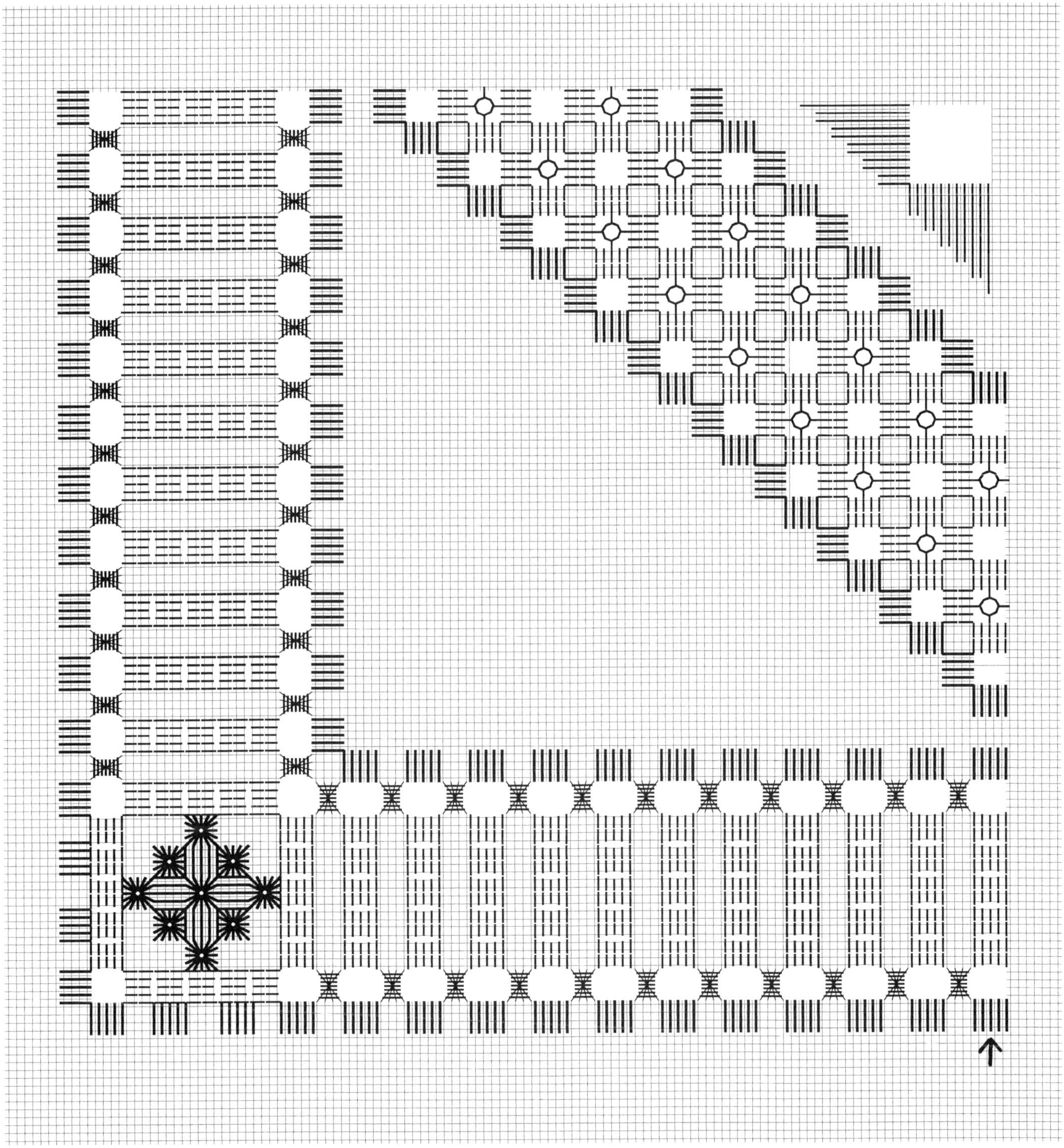

Korbbordüre

Material:

14 x 120 Leinen, 7,4 Fäden/cm.
MEZ Perlgarn Nr. 8 für Stopfstich und Malteserkreuze ,
MEZ Perlgarn Nr. 5 für Plattstich und Langettenrand.

So wird es gemacht:

Sie beginnen etwa 6 cm von der oberen Schnittkante mit den waagerechten Plattstichdreiecken über 2, 4, 6, 8, 6, 4, 2 Fäden wie im Muster angegeben. Dann sticken Sie treppenförmig den Langettenrand über fünf Langettenpäckchen. Die Malteserkreuzumrandung im Plattstich entnehmen Sie dem Muster. Anschließend wird das Gewebe für das Malteserkreuz klargelegt. Dazu werden die vier umstickten Gewebefäden in den Ecken jeweils dicht am Plattstich abgeschnitten. Die folgenden vier Fäden in der Mitte bleiben stehen. Die losen Fäden werden herausgezogen, so daß ein großflächiges Fadengitter aus je vier Gewebefäden entsteht. Diese stehengebliebenen Fäden werden mit dem Malteserkreuz gefüllt. Den oberen Rand zu einem Saum umlegen, die Seiten zusammennähen und ein Gummiband einziehen.

Diese schöne Bordüre verschönert jeden schlichten Weidenkorb

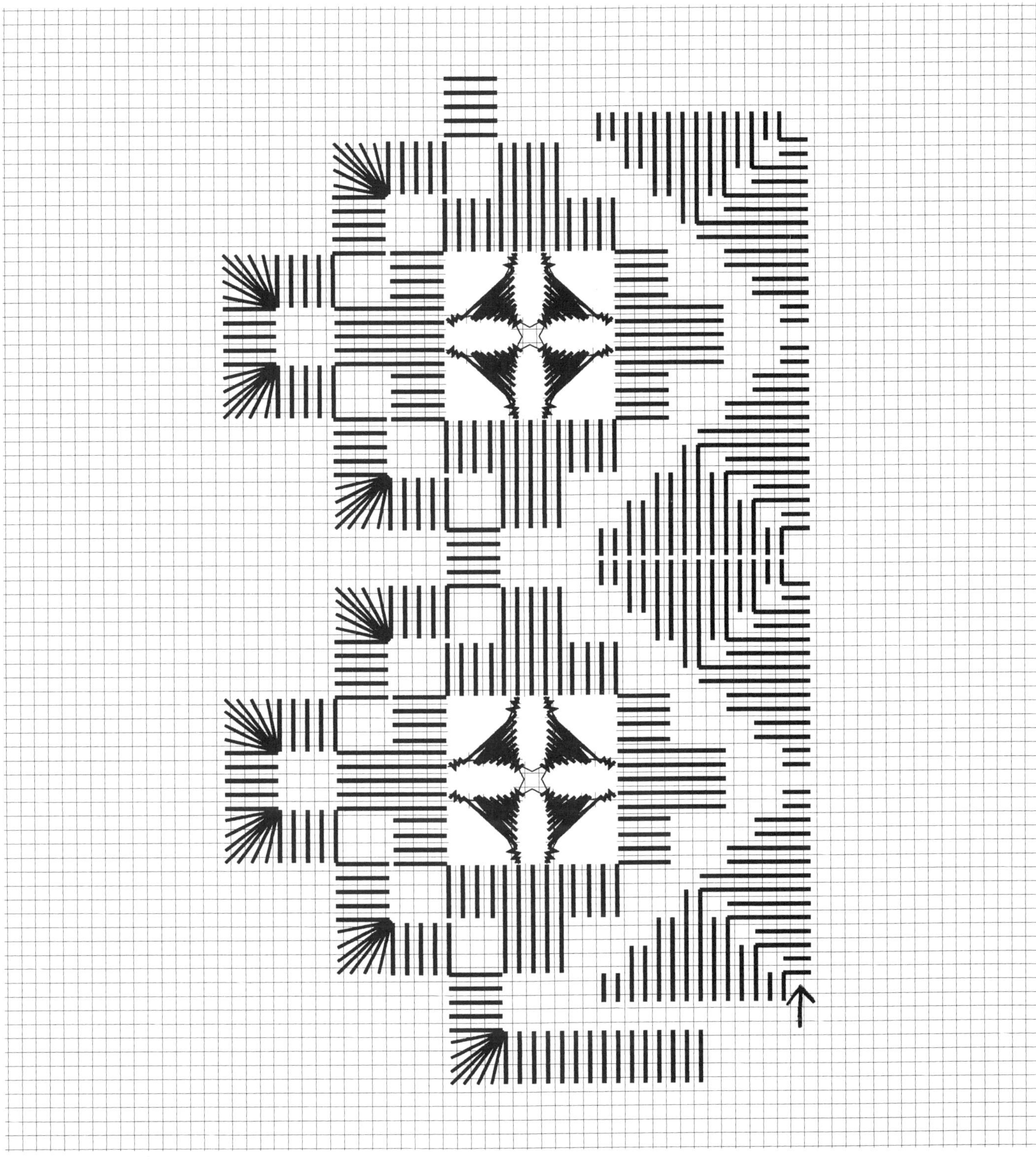

Nikolaus-Säckchen

Größe 20 x 35 cm

Material:

35 x 50 cm Siebleinen, 8,4 Fäden/cm.
MEZ Perlgarn Nr. 5 für Plattstich,
MEZ Perlgarn Nr. 8 für Stopfstich und Pikots,
MEZ Goldgarn Diadem 300 für die Flamme,
MEZ Perlgarn Nr. 5 für den Tannenzweig.

So wird es gemacht:

Sie beginnen im Abstand von 11 cm von der unteren Schnittkante und etwa 9 cm vom seitlichen Stoffrand mit der mittleren Kerze. Die Plattstiche werden wie im Muster angegeben abgezählt. Die beiden äußeren Kerzen sind um acht Fäden kleiner. Nach der Plattstichumrandung der Kerzen wird das Gewebe klargelegt. Dazu werden die vier umstickten Gewebefäden jeweils dicht am Plattstich abgeschnitten. Die losen Fäden werden herausgezogen, so daß ein Fadengitter aus je vier Gewebefäden entsteht. Diese stehengebliebenen Fäden werden mit dem Stopfstich umstickt und mit Pikots verziert.

Für die Flamme verwenden Sie das Goldgarn und sticken den Plattstich wie im Muster angegeben.

Der Tannenzweig ist im Stielstich gestickt. Bevor Sie das Säckchen zusammennähen, unterlegen Sie das Leinen mit weißem Stoff. Am oberen Rand fertigen Sie einen 4 cm breiten Saum und ziehen ein Schleifenband durch.

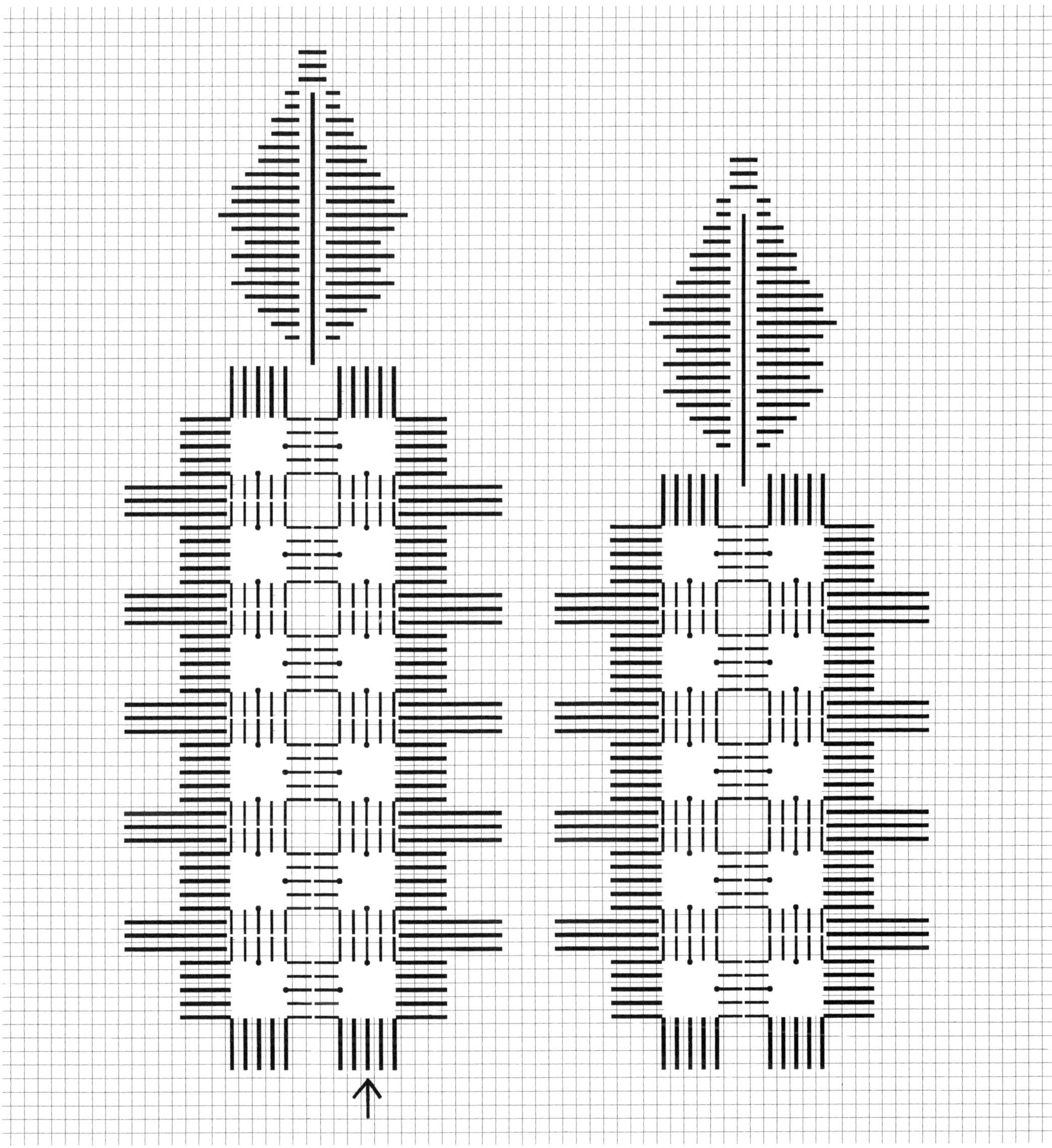

Rotes Deckchen mit Weihnachtsbäumen

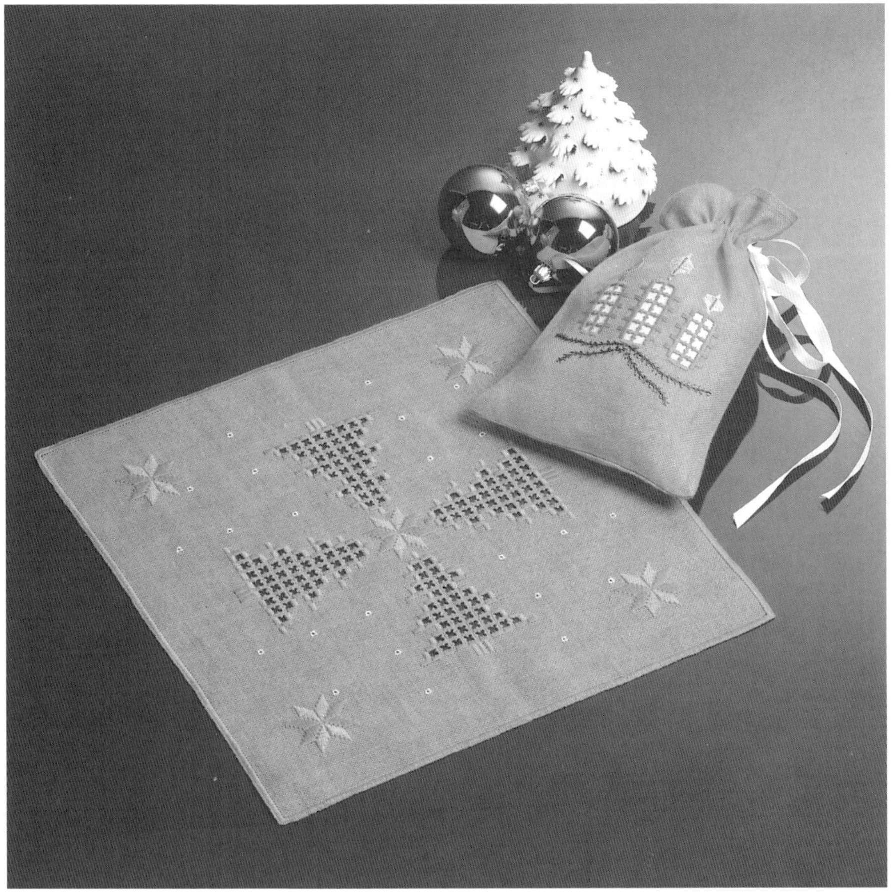

Größe: 40 x 40 cm

Material:

50 x 50 cm Siebleinen, 7,4 Fäden/cm.
Perlgarn Nr. 5 für Plattstich,
Perlgarn Nr. 8 für Stopfstich und Pikots,
Goldgarn Ophir 300 für die Madeirasternchen.

So wird es gemacht:

Sie beginnen in der Mitte der Decke mit dem Plattstichstern wie im Muster angegeben. Für alle Plattstichsterne gilt: Immer in der Mitte anfangen und zur Sternspitze hinsticken, dabei den Faden von links durchziehen und wieder zur Mitte führen. Die Plattstichumrandung der Weihnachtsbäume erfolgt im Abstand von acht Fäden vom Plattstichstern hin zur Weihnachtsbaumspitze. Die Anordnung der Plattstichumrandung entnehmen Sie dem Muster. Anschließend wird das Gewebe der Tannenbäume klargelegt. Dazu werden die vier umstickten Gewebefäden jeweils dicht am Plattstich abgeschnitten. Die losen Fäden werden herausgezogen, so daß ein großflächiges Fadengitter aus je vier Gewebefäden entsteht. Diese stehengebliebenen Fäden werden mit dem Stopfstich umstickt und mit Pikots verziert.

In den Ecken, etwa 12 cm vom Rand, sticken Sie vier Plattstichsterne von der Sternmitte zur Sternspitze.

Zum Schluß wird der äußere Langettenrand im Abstand von 32 Fäden zu den Sternecken gestickt und die Fäden abgeschnitten. Den fertigen Langettenrand mit der Nähmaschine durchsteppen.

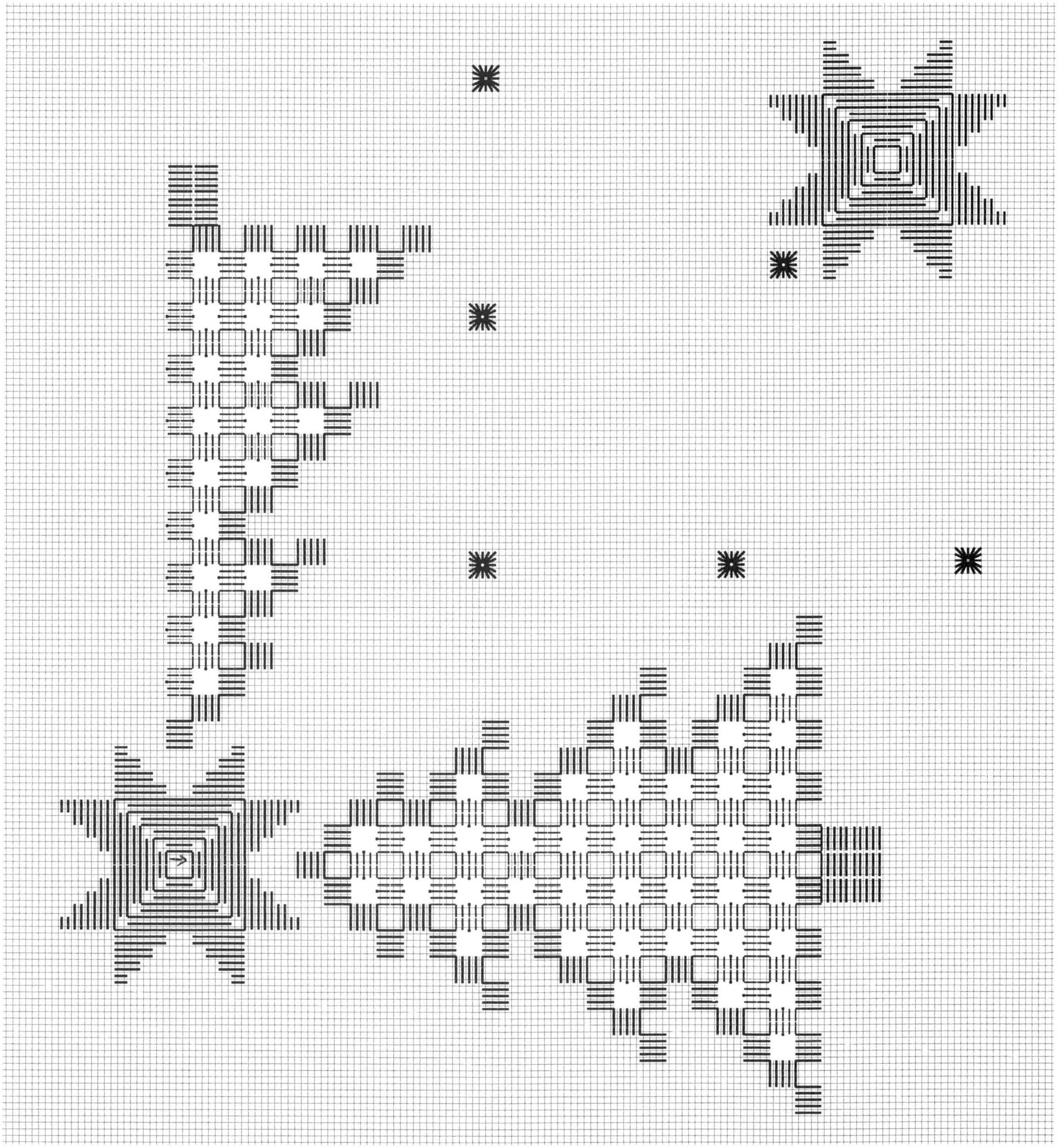

Platzdeckchen

Größe: 36 x 46 cm

Material:

45 x 60 cm Leinen oder Baumwolle, 8,5 Fäden/cm.
MEZ Perlgarn Nr. 8 für Plattstich, MEZ Vierfachgarn Nr. 12 für Stopfstich und Wickelstich.

So wird es gemacht:

Zunächst wird der Rand 2 cm breit zu einem einfachen Saum umgelegt und mit einer Plattstichbordüre überstickt.

Sie beginnen in der Mitte der Längsseite. Der Abstand der diagonalen Durchbruchstickerei vom Rand beträgt 16 Fäden. Sie sticken eine Plattstichreihe von rechts unten nach links oben und wieder zurück. Dann wird das Gewebe klargelegt. Dazu werden die vier umstickten Gewebefäden dicht am Plattstich abgeschnitten. Die losen Fäden werden herausgezogen, so daß ein Fadengitter aus je vier Gewebefäden entsteht. Diese stehengebliebenen Fäden werden mit dem Stopfstich umstickt und mit einer sogenannten Spinne verziert. Das Fadengitter wird in Treppen gestopft. Die erste Reihe Treppen wird nur gestopft, erst auf dem Rückweg wird die Schlingstichfüllung – die Spinne – eingestickt. Die vier Plattstichquadrate werden wie im Muster angegeben gestickt. Alle vier Plattstichquadrate werden mit Malteserkreuzen gefüllt.

Kaffeemütze

Material:

30 x 160 cm Leinen, 10 Fäden/cm.
MEZ Perlgarn Nr. 5 für Plattstich,
MEZ Perlgarn Nr. 8 für Stopfstich, Wickelstich und Edelweiß.

Vier gleich große Teile wie in der Zeichnung veranschaulicht zuschneiden. Jedes Teil hat die Maße: 30 cm breit, 40 cm hoch. Alle vier Teile werden abgekurbelt und erst dann bestickt.

So wird es gemacht:

Beginnen Sie in der Mitte der schmalen Seite mit der äußeren doppelten Plattstichtreppe. Im Abstand von 20 Fäden wird dieser Rand innen noch einmal gestickt. Dann wird das Gewebe klargelegt. Dazu werden die vier umstickten Gewebefäden dicht am Plattstich abgeschnitten. Die losen Fäden werden herausgezogen, so daß ein Fadengitter aus je vier Gewebefäden entsteht. Diese stehengebliebenen Fäden werden mit dem Stopfstich umstickt und mit einer sogenannten Spinne verziert. Das Fadengitter wird in Treppen gestopft. Die erste Reihe Treppen wird nur gestopft, erst auf dem Rückweg wird die Schlingstichfüllung – die Spinne – eingestickt. Diesmal werden die Fadenstege nicht gestopft, sondern gewickelt.

Zunächst wird in Treppen gewickelt und dann die Schlingstichfüllung, also die Spinne, eingearbeitet. Als letztes Stickmotiv wird das Plattstichpäckchen mit der Spinne gefertigt. Wieder erst die Plattstiche laut Zählmuster über 20 Fäden sticken, das heißt, das Motiv umfaßt 20 Fäden im Quadrat. Von den Ecken zur Mitte werden acht Fäden ausgeschnitten, so daß vier Gewebefäden über Kreuz stehen bleiben. Über die beiden Diagonalen werden Fäden gespannt, wie beim Edelweiß. Ebenso wird die Mitte gewickelt. Zum Schluß wird wieder mit dem Schlingstich das Spinnenmotiv vollendet. Die bestickten Teile werden zu einer Mütze zusammengenäht und gebügelt. Je nach Wunsch wird die Kaffeemütze farbig unterlegt, wattiert und gefüttert.

Deckchen mit Zackenrand

Größe 35 x 35 cm

Material:

40 x 40 cm Leinen, 10 Fäden/cm. MEZ Perlgarn Nr. 8 für Stopfstich, Madeirasternchen und halbe Malteserkreuze, MEZ Perlgarn Nr. 5 für Plattstich und schrägen Maschenstich.

So wird es gemacht:

Sie beginnen mit den Plattstichtreppen in der Mitte einer Seite, ca. 8 cm von der Schnittkante entfernt. Der Schräg- oder Maschenstich wird wie im Muster angegeben eingestickt. Dann wird das Gewebe klargelegt. Dazu werden die vier umstickten Gewebefäden dicht am Plattstich abgeschnitten. Die losen Fäden werden herausgezogen, so daß ein Fadengitter aus je vier Gewebefäden entsteht. Diese stehengebliebenen Fäden werden mit dem Stopfstich umstickt und mit einer sogenannten Spinne verziert. Das Fadengitter wird in Treppen gestopft. Die erste Reihe Treppen wird nur gestopft, erst auf dem Rückweg wird die Schlingstichfüllung – die Spinne – eingestickt.

Bevor Sie die Fäden klarlegen, sticken sie die Madeirasternchen ein. Der Rand ist bei diesem Deckchen nicht ausgestopft und langettiert, sondern das klargelegte Gewebe ist vollständig in Treppen mit dem Langettenstich umstickt.

Den fertigen Langettenrand mit der Nähmaschine durchsteppen.

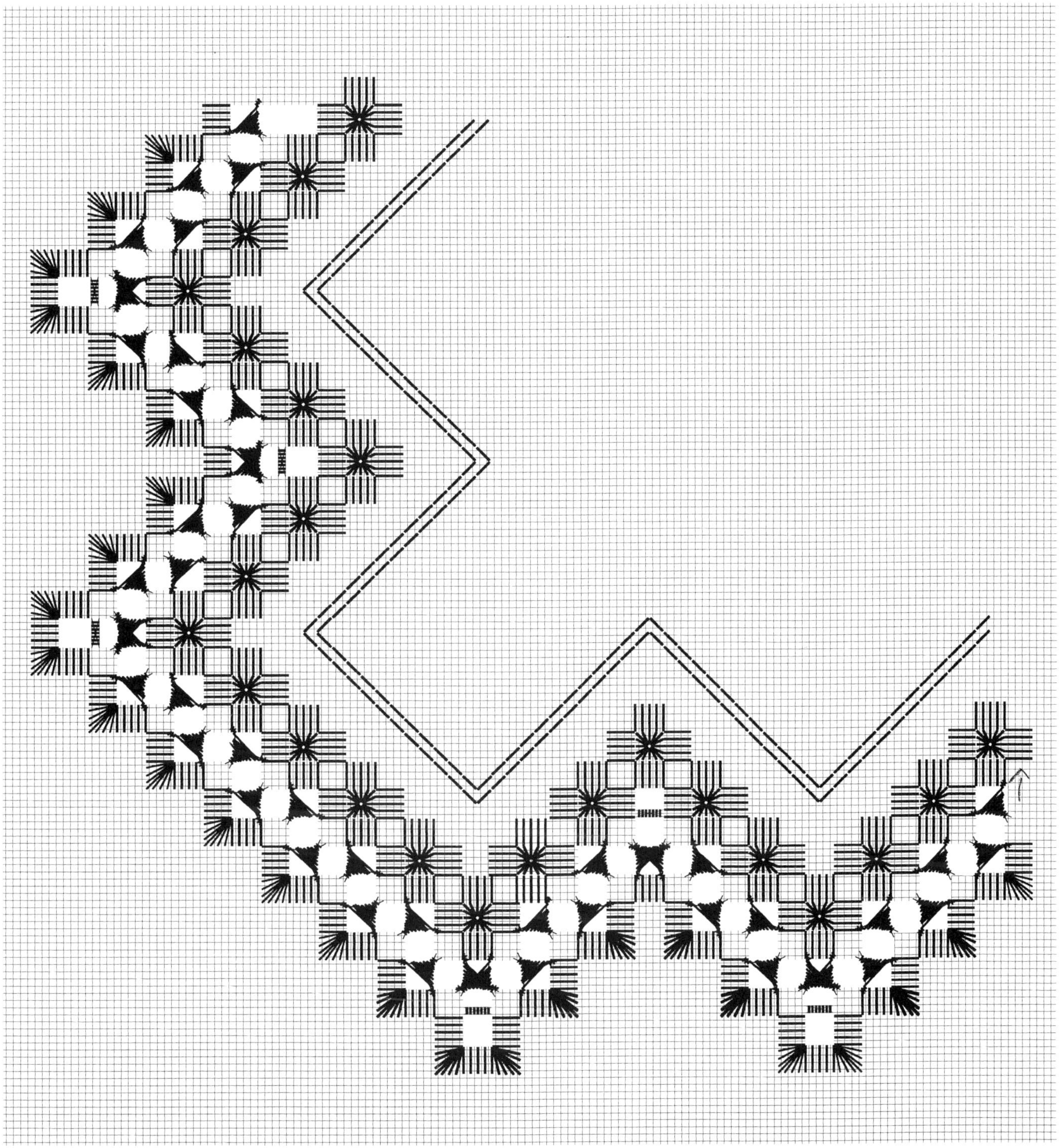

Ovales Deckchen

Größe: 27 x 40 cm

Material:

40 x 50 cm Leinen. 8,5 Fäden/cm.
MEZ Perlgarn Nr. 5 für Plattstich und Langettenstich,
MEZ Perlgarn Nr. 8 für Stopfstich und Edelweiß.

So wird es gemacht:

Sie beginnen an der Mitte der Längsseite ca. 12 cm vom Stoffrand entfernt mit dem äußeren Plattstichrand des Durchbruchmotives.

Im Anschluß daran sticken Sie die inneren Plattstichgruppen und die Edelweißumrandungen. Dann wird das Gewebe klargelegt. Dazu werden die vier umstickten Gewebefäden dicht am Plattstich abgeschnitten. Die losen Fäden werden herausgezogen, so daß ein Fadengitter aus je vier Gewebefäden entsteht. Diese stehengebliebenen Fäden werden mit dem Stopfstich umstickt und mit Edelweiß gefüllt.

Für den äußeren Rand, also den Abschluß der Decke zählen Sie 32 Fäden vom inneren Musterrand nach außen ab. Sie sticken hier gemäß der angegebenen Linie im Zählmuster eine Plattstichkante und zum Schluß den Langettenrand, den Sie anschließend mit der Nähmaschine durchsteppen.

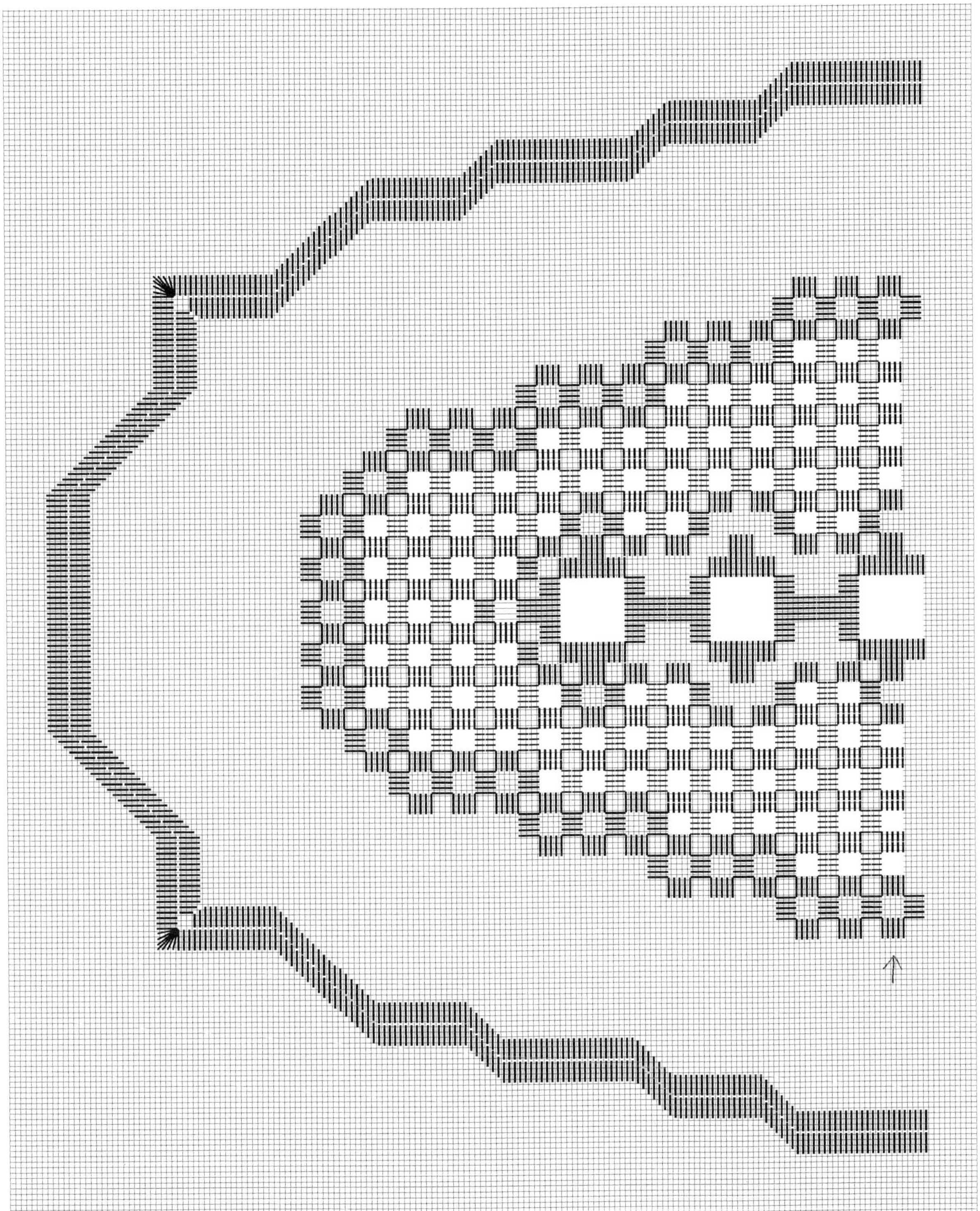

Rosa Teewagen-decke

Größe: 40 x 60 cm

Material:

*zählbarer Baumwollstoff 75 cm x 50 cm, 7,1 Fäden/cm.
MEZ Perlgarn Nr. 3 für Plattstich,
MEZ Perlgarn Nr. 5 für Stopfstich, Spitzenrand, Edelweiß und schrägen Maschenstich.*

So wird es gemacht:

Sie beginnen in der Mitte der Längsseite etwa 40 Gewebefäden ab Rand mit dem ersten senkrechten Plattstichpäckchen (Stickfaden läuft senkrecht). Es folgen die nächsten Plattstichgruppen, die in Treppen von rechts unten nach links oben gestickt werden. Zwei dieser Treppen ergeben den Doppelrand, das heißt für Sie: Einfach zwei Runden Plattstichtreppen sticken. Die Stickereien in den Ecken und auch auf den Längsseiten zählen Sie laut Muster aus und beginnen wieder mit den Plattstichumrandungen. Dann wird das Gewebe klargelegt. Dazu werden die vier umstickten Gewebefäden dicht am Plattstich abgeschnitten. Die losen Fäden werden herausgezogen, so daß ein Fadengitter aus je vier Gewebefäden entsteht. Diese stehengebliebenen Fäden werden mit dem Stopfstich umstickt. Verziert und gefüllt werden die klargelegten Plattstichumrandungen mit Edelweiß.

Die beiden inneren Karos des Läufers bestehen aus dem schrägen Maschenstich. Sie beginnen in der Spitze und zählen die Abstände zum Stickrand aus. Sie sticken bei diesem Stich von unten links diagonal nach oben rechts.

Für den Spitzenrand (Durchbruchrand) müssen Sie unbedingt im Stickrahmen weiterarbeiten.

Dazu legen Sie zuerst das Fadengitter frei und schneiden die Gewebefäden am äußeren Plattstichrand in Treppen ab. Die gleichen Fäden werden nach weiteren 24 Gewebefäden (nach außen gezählt) nochmal durchgeschnitten. Sie erhalten ein klargelegtes Gewebegitter, das über zwei Runden mit dem Stopfstich in Treppen gestopft wird. In der dritten Runde werden im gleichen Arbeitsgang die stehengebliebenen Gewebeecken langettiert. Vor dem Sticken der Langettenecken die Kanten mit Stoffkleber betupfen. Übrige Gewebefäden vorsichtig abschneiden und von links feucht bügeln.

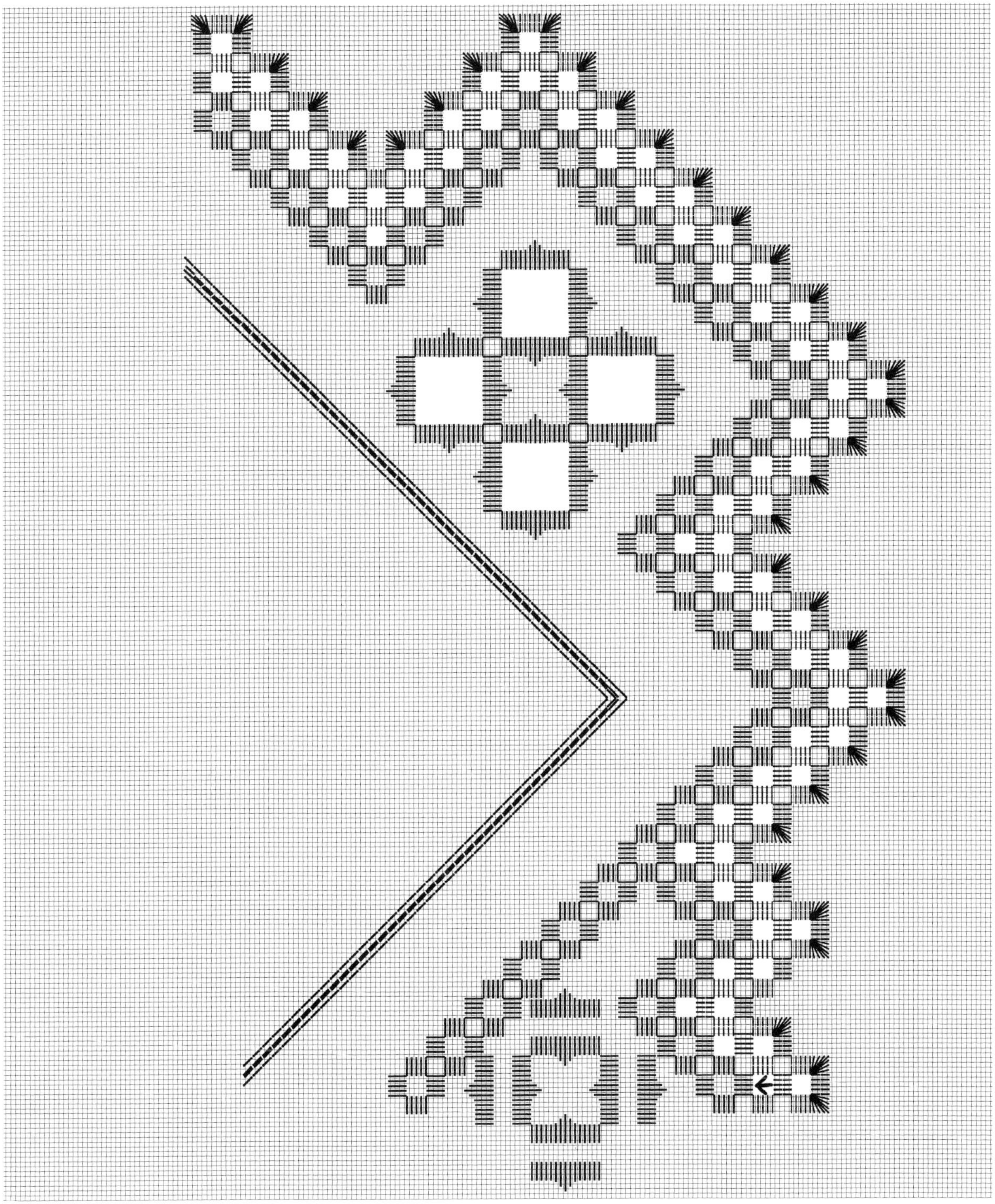

Mintfarbene Mitteldecke

Größe 65 x 65 cm

Material:

zählbarer Baumwollstoff 75 x 75 cm, 7,5 Fäden/cm.
MEZ Perlgarn Nr. 5 für Plattstich,
MEZ Perlgarn Nr. 8 für Stopfstich.

So wird es gemacht:

Sie beginnen mit dem inneren Muster ca. 15 cm von der Schnittkante entfernt und sticken die Plattstichgruppen rundherum im gleichen Abstand. Dann fertigen Sie die Ecken an. Das Quadrat besteht aus sieben Plattstichpäckchen.

Für das Durchbruchquadrat sticken Sie zuerst wieder die Plattstiche. Dann wird das Gewebe klargelegt. Dazu werden die vier umstickten Gewebefäden dicht am Plattstich abgeschnitten. Die losen Fäden werden herausgezogen, so daß ein Fadengitter aus je vier Gewebefäden entsteht. Diese stehengebliebenen Fäden werden mit dem Stopfstich umstickt.

Das große mittlere Quadrat besteht aus 43 Plattstichpäckchen im Quadrat. Nach 36 Fäden beginnt die innere, doppelte Plattstichtreppe. Schließlich legen Sie wieder das Gewebe frei und umstopfen die Stege.

Zum Schluß den Stoff ca. 3,5 cm einfach nach links umlegen und die Ecke abschrägen. Übersticken Sie den Saum – ca. 6,0 cm von der äußeren gestickten Kante – mit einem Plattstich über vier Gewebefäden von rechts nach links. Achten Sie darauf, daß der Saum sauber eingefaßt wird.

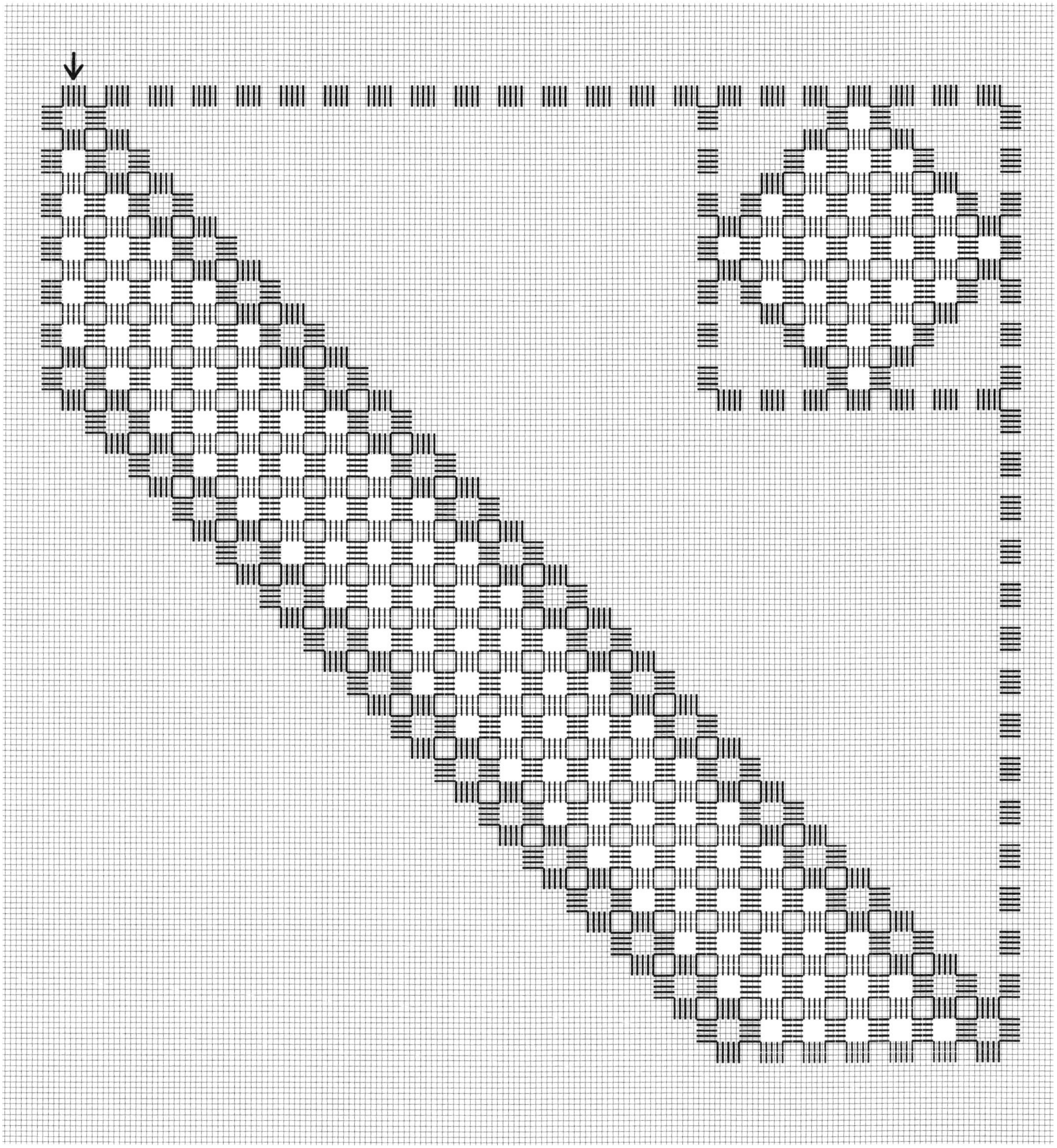

Schrank-bordüre

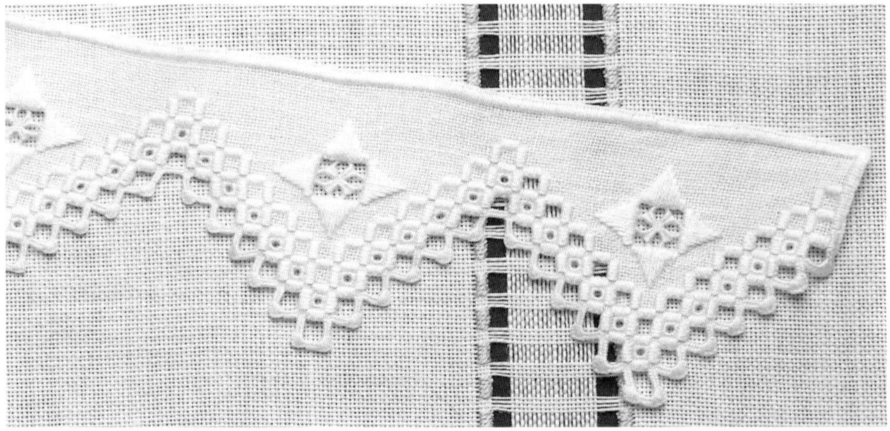

Größe: 10 x 120 cm

Material:

130 x 20 cm Leinen, wobei die Länge der Bordüre von der Breite Ihres Schrankes abhängt. 10 Fäden/ cm. MEZ Vierfachgarn Nr. 8 für Plattstich, MEZ Vierfachgarn Nr. 16 für Spitzenrand, Madeirasternchen und Malteserkreuze.

So wird es gemacht:

Sie beginnen 1 cm vom Stoffrand entfernt in der Mitte der Breitseite mit der dreifachen Plattstichtreppe, die jeweils 13 Päckchen umfaßt. Die obere Umrandung der Bordüre besteht aus einem Langettenrand, den Sie beliebig breit einsticken können. In jede der Spitzen wird eine Plattstichumrandung wie im Muster angegeben mit Malteserkreuzen gestickt.

Für den Spitzenrand (Durchbruchrand) müssen Sie unbedingt im Stickrahmen weiterarbeiten. Dazu legen Sie zuerst das Fadengitter frei und schneiden die Gewebefäden am äußeren Plattstichrand in Treppen ab. Dieselben Fäden werden nach weiteren 12 Gewebefäden (nach außen gezählt) durchgeschnitten. Sie erhalten ein klargelegtes Gewebegitter und stopfen mit dem Stopfstich eine Treppe. Die stehengebliebenen Gewebeecken werden langettiert. Vor dem Sticken der Langettenecken die Kanten mit Stoffkleber betupfen.

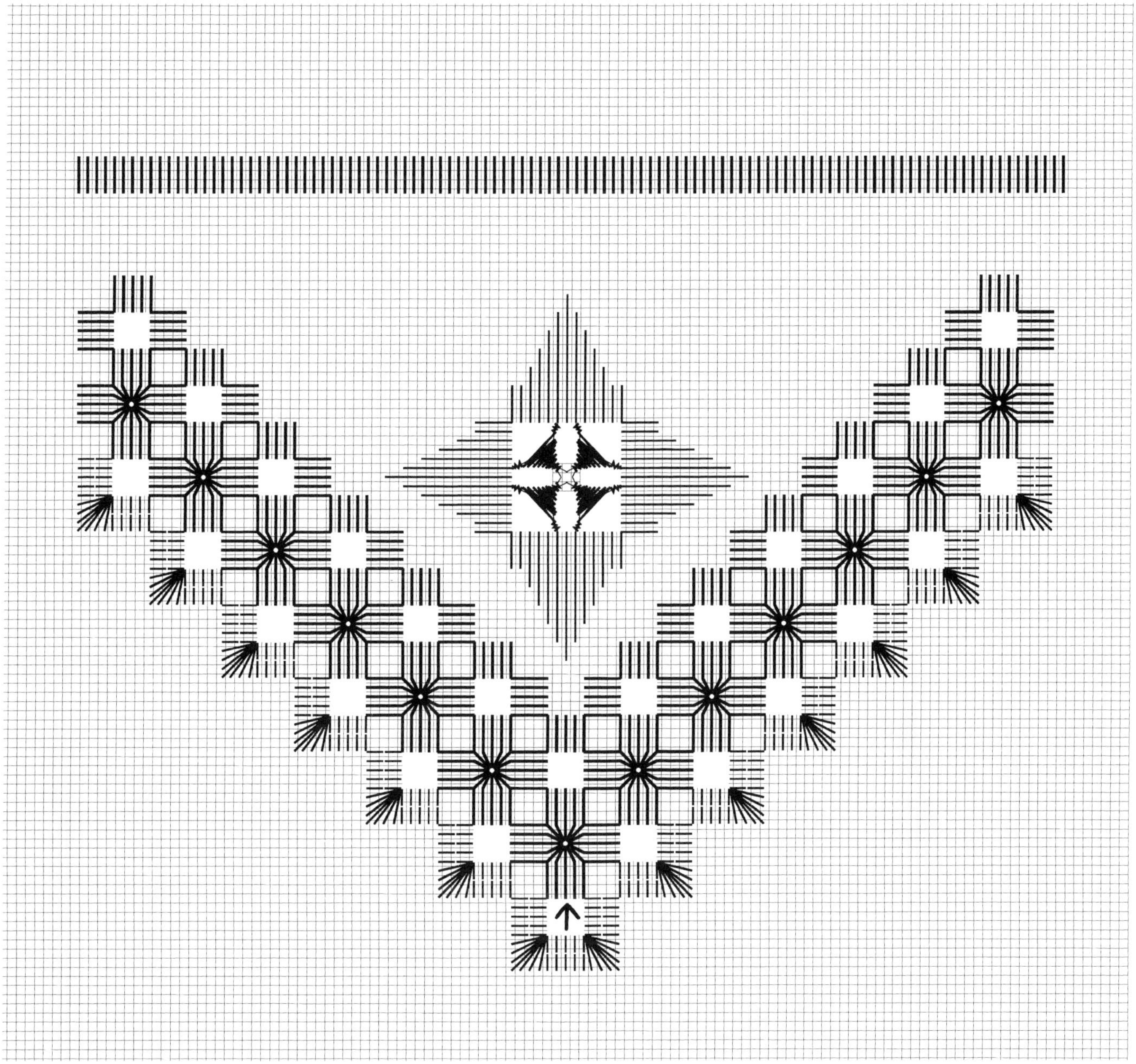

Kissenband

Größe: 7 x 75 cm

Material:

40 x 40 cm federgefülltes Kissen, farbiger Bezug je nach Wunsch, 80 cm Schleifenband aus Leinen, 7 cm breit mit eingewebtem Zierrand, MEZ Perlgarn Nr. 8 für Plattstich, MEZ Perlgarn Nr. 12 für Stopfstich und Madeirasternchen.

So wird es gemacht:

Schleifenband in der Länge doppelt legen und die Mitte durch einen Kniff oder mit einer Stecknadel markieren. Sie beginnen in der Mitte der schmalen Seite, etwa vier cm über der Schnittkante. Zunächst sticken Sie die doppelte Plattstichtreppe des ersten Karos. Darin sofort die Madeirasternchen einarbeiten. Dann wird das Gewebe klargelegt. Dazu werden die vier umstickten Gewebefäden dicht am Plattstich abgeschnitten. Die losen Fäden werden herausgezogen, so daß ein Fadengitter aus je vier Gewebefäden entsteht. Diese stehengebliebenen Fäden werden mit dem Stopfstich umstickt. Im Abstand von 12 Fäden beginnt das zweite und dritte Karo. Das bedeutet, Sie sticken zunächst einmal alle Karos.

In die freien Flächen wird ein halbes Karo bzw ein Dreieck gestickt.

An den Enden mit einem Klettverschluß versehen. Von links bügeln und das Band um das Kissen legen und schließen.

Fensterbild mit Katze

Material:

30 cm x 30 cm, Leinen 10 Gewebefäden pro cm.
MEZ Perlgarn Nr. 5 für Plattstich,
MEZ Perlgarn Nr. 8 für Stopfstich und Madeirasternchen,
Rahmen für Fensterbilder, Durchmesser 25 cm.

So wird es gemacht:

Sie beginnen mit den Plattstichpäckchen wie im Muster angegeben und sticken zunächst die Umrandung der Katze. Schwanz und Schleife werden mit Madeirasternchen verziert.

Anschließend wird das Gewebe des Katzenkörpers klargelegt. Dazu werden die vier umstickten Gewebefäden jeweils dicht am Plattstich abgeschnitten. Die losen Fäden werden herausgezogen, so daß ein großflächiges Fadengitter aus je vier Gewebefäden entsteht. Diese stehengebliebenen Fäden werden mit dem Stopfstich umstickt. Die Schnurrhaare der Katze sind im Stielstich gestickt. Das Schleifchen ist andersfarbig gestickt. Sie legen den Rahmen von links auf den Stoff und schlagen den Stoff über den Rahmen. Damit Sie nachher besser sticken können, empfiehlt es sich, den Stoff an den Rahmen zu reihen. Dann wird das Bild mit einem Langettenrand versehen.

Der überstehende Stoff wird abgeschnitten und von rechts mit einem Kettstich versäubert.

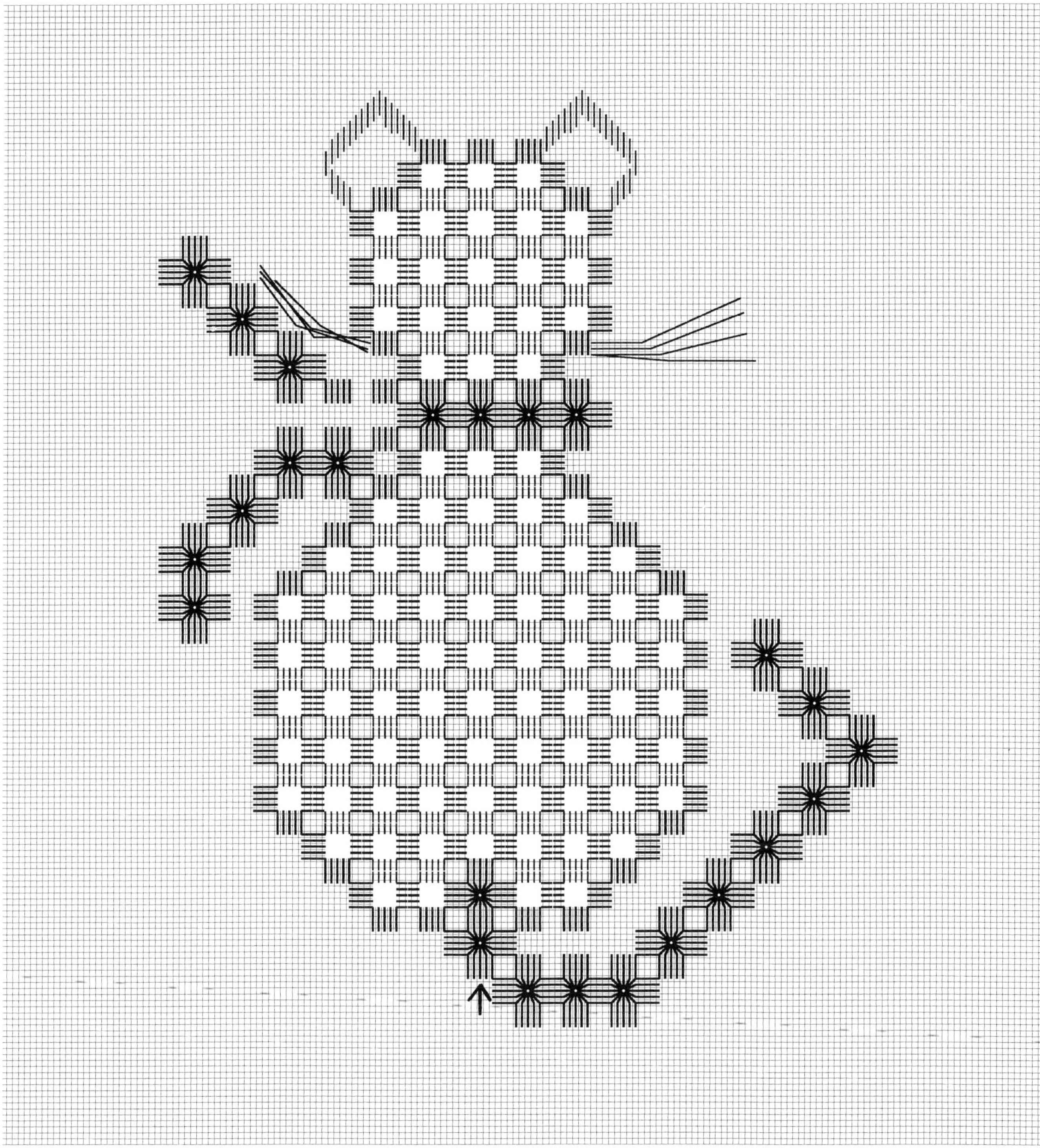

Weiße Mitteldecke mit Rautenrand

Größe: 85 x 85 cm

Material:

95 cm x 95 cm Leinen, 8,4 Fäden/cm. MEZ Perlgarn Nr. 5 für Plattstich, schrägen Maschenstich und Langettenrand, MEZ Perlgarn Nr. 8 für Stopfstich.

Diese Decke kann einfach um eine oder mehrere Rauten (Quadrate) vergrößert oder verkleinert werden.

So wird es gemacht:

Zuerst den Stoff mit einem Zickzackstich gegen das Ausfransen sichern.

Sie beginnen in der Mitte der Seite ca. 8 cm ab Stoffrand mit dem äußeren Plattstichrand in Treppen zweimal um die Decke herum. Nach Fertigstellung der inneren und äußeren Plattstichtreppen sticken Sie zunächst den Langettenrand. Dann wird das Gewebe in den Durchbruchquadraten und -rechtecken klargelegt. Dazu werden die vier umstickten Gewebefäden dicht am Plattstich abgeschnitten. Die losen Fäden werden herausgezogen, so daß ein Fadengitter aus je vier Gewebefäden entsteht. Diese stehengebliebenen Fäden werden mit dem Stopfstich umstickt.

Das innere Muster beginnen Sie im Abstand von 184 Fäden von der Plattstichgruppe ab Pfeil. Sie sticken nun die äußeren und inneren Doppeltreppen, wie oben beschrieben, so daß vier Quadrate auf jeder Seite entstehen. Von der inneren Plattstichtreppe zählen Sie 20 Fäden ab und sticken wiederum eine doppelte Plattstichtreppe wie im Zählmuster angegeben. Im Anschluß daran erfolgt jetzt der schräge Maschenstich sowohl für das Mittelquadrat als auch für die 12 kleinen Quadrate.

Die Füllung der Quadrate sticken Sie laut Zählmuster. Dann erst legen Sie das innere Muster, wie oben beschrieben, klar.

Inneres Motiv

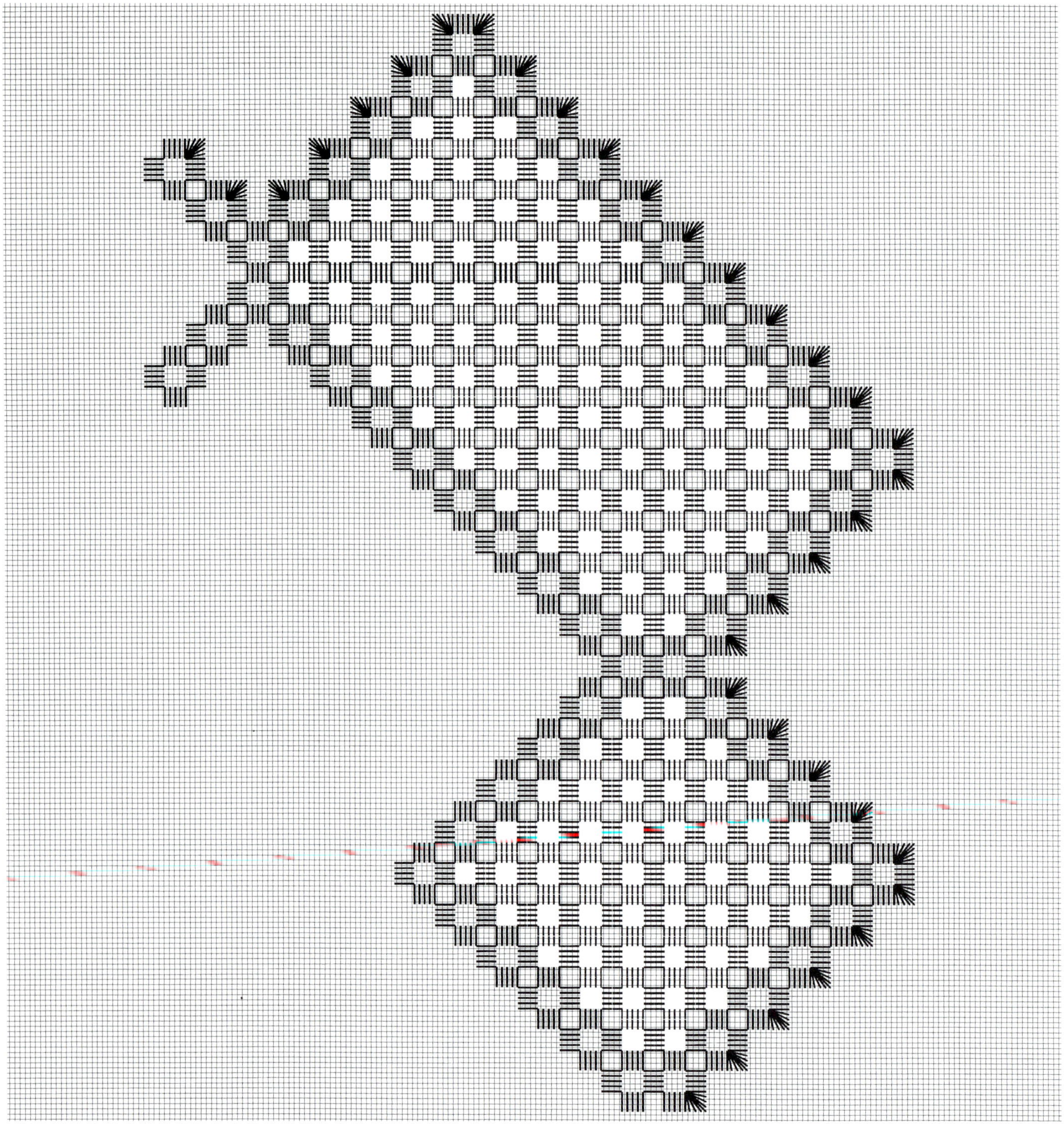

Äußeres Motiv zur weißen Mitteldecke

Altrosa-weiße Mitteldecke

Größe: 93 x 93 cm

Material:

100 x 100 cm Baumwollstoff, 7,4 Fäden/cm. MEZ Perlgarn Nr. 5 für Plattstich, Stopfstich, Langettenrand, Pikots, schräger Maschenstich und Kleeblatt.

So wird es gemacht:

Zuerst den Stoff mit einem Zickzackstich gegen das Ausfransen sichern.

Sie beginnen in der Mitte der Seite ca. 4 cm ab Stoffrand mit dem Kleeblattmotiv. Dieses Kleeblattmotiv besteht aus einem waagerechten Plattstichrand über 4, 5, 6, 5, 4 Fäden. Die Spitze der Kleeblätter ist immer abwechselnd nach unten und oben einmal um die Decke herum angeordnet. In der zweiten und dritten Runde wird das Kleeblatt laut Muster vervollständigt.

Da jedes Dreieckmotiv dieser Decke mit Kleeblättern umrandet ist, sticken Sie nun in zwei Runden die Kleeblatttreppen. Der Mustersatz zwischen A und B wird auf jeder Seite fünf mal gestickt.

Für das innere Muster werden diese Kleeblatttreppen im Abstand von 20 Fäden nochmal wiederholt. In den Ecken werden die Kleeblattmotive wie im Muster angegeben eingestickt. Das Mittelkaro beginnt im Abstand von 28 Fäden (Spitze des Dreiecks zur Spitze des Karos). Auch hier werden wieder die Kleeblatttreppen gestickt. Im Abstand von 20 Fäden zur ersten Treppe wird die zweite Kleeblatttreppe gestickt, im Abstand von 52 Fäden zur zweiten, die dritte Treppe und die Innerste im Abstand von 20 Fäden.

Sind alle Kleeblätter gestickt, folgt der schräge Maschenstich zwischen den verschiedenen Kleeblatttreppen.

Jetzt wird zunächst der Langettenrand – immer über 4, 5, 6, 5, 4 Fäden – wie beim Kleeblatt rundherum gestickt.

Erst dann wird das Gewebe der Durchbruchdreiecke und des Durchbruchkaros (Mittelmotiv) klargelegt. Dazu werden die vier umstickten Gewebefäden jeweils dicht am Plattstich abgeschnitten. Die losen Fäden werden herausgezogen, so daß ein großflächiges Fadengitter aus je vier Gewebefäden entsteht. Diese stehengebliebenen Fäden werden mit dem Stopfstich umstickt und mit Pikots verziert.

Den äußeren Langettenrand mit der Nähmaschine durchsteppen.

Inneres Motiv der altrosa-weißen Mitteldecke.

Äußeres Motiv

Rote Weihnachtsdecke

Größe: 85 x 85 cm

Material:

95 cm x 95 cm Baumwolle,
10 Fäden/cm
MEZ Perlgarn Nr. 5 für Plattstich und Langettenstich,
MEZ Perlgarn Nr. 8 für Stopfstich,
MEZ Goldgarn Diadem 300 für die Sternverzierung.

So wird es gemacht:

Zuerst den Stoff mit einem Zickzackstich gegen das Ausfransen sichern.

Sie beginnen in der Mitte der Seite ca. 12 cm ab Stoffrand (Siehe Pfeil b) mit dem äußeren Plattstichrand über 23 waagerechte Plattstichpäckchen bis zur ersten Sternecke. Sie vollenden zuerst ein Viertel des Sternes, das heißt, es folgen 5 Plattstichpäckchen bis zur Sternspitze, 11 Plattstichtreppen, sechs waagerechte und sechs senkrechte Plattstichpäckchen und wieder die Plattstichtreppe zurück. Genauso verfahren Sie mit dem zweiten, dritten und vierten Viertel des Sternes. Aufgepaßt: Die vier Sternspitzen, die nach innen liegen, werden mit einer doppelten Plattstichtreppe eingefaßt. Ist der erste Stern komplett fertig, sticken Sie 33 waagerechte Plattstichpäckchen bis zur nächsten Sternecke (siehe Pfeil a). Wenn alle Sternecken gestickt sind, wird die Decke zunächst mit dem Langettenrand eingefaßt. Dann wird das Gewebe klargelegt. Dazu werden die vier umstickten Gewebefäden jeweils dicht am Plattstich abgeschnitten. Die losen Fäden werden herausgezogen, so daß ein großflächiges Fadengitter aus je vier Gewebefäden entsteht. Diese stehengebliebenen Fäden werden mit dem Stopfstich umstickt.

Das Kleeblattkaro beginnt über dem 17. Plattstichpäckchen in der Mitte zweier Sterne und besteht aus Plattstichtreppen über 4, 5, 6, 5, 4 Fäden. Sie sticken die Diagonalen in zwei Runden, das bedeutet, erst in der zweiten Runde wird das Kleeblatt vollendet.

Zum Schluß werden die vier Plattstich-Sterne laut Muster im Abstand von etwa 10,5 cm ab Kleeblattrand gestickt. Wichtig ist, daß Sie in der Mitte des Sternes beginnen und zur Sternspitze hinsticken. Die Goldgarnverzierung der Sterne wird, wie im Muster angegeben, im Plattstich gestickt.

Zum Schluß den Langettenrand mit der Nähmaschine durchsteppen.

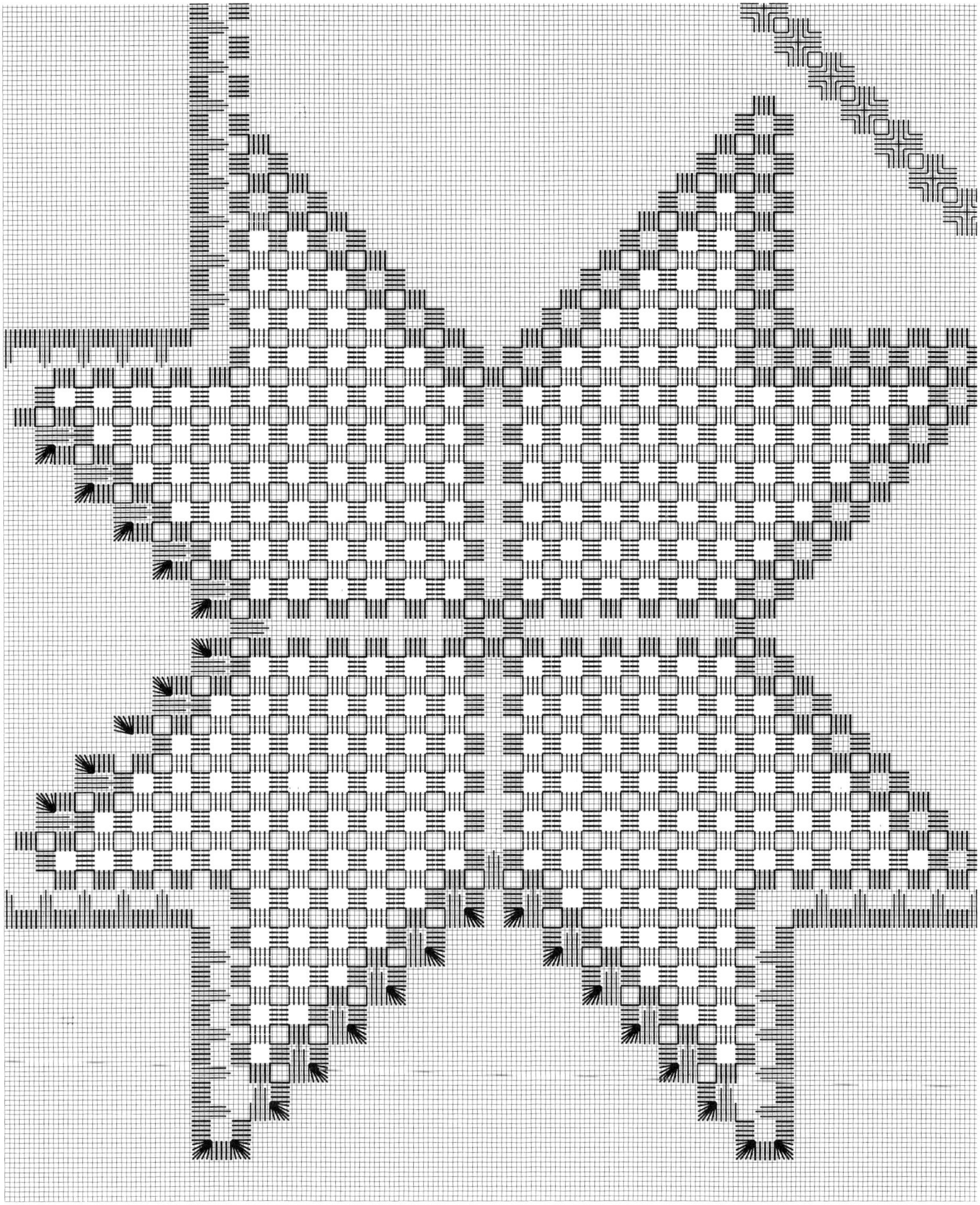

Weihnachtsstern

Größe: 70 x 70 cm

Material:

80 x 80 cm Leinen oder Siebleinen, 7,4 Fäden/cm, MEZ Perlgarn Nr. 5 für Plattstich, MEZ Perlgarn Nr. 8 für Stopfstich, Wickelstich und Malteserkreuze, MEZ Ophir 300 für die Goldsternchen.

So wird es gemacht:

Zuerst den Stoff mit einem Zickzackstich gegen das Ausfransen sichern.

Sie ermitteln die Mitte des Stoffes und beginnen mit den Plattstichpäckchen in der Stoffmitte. Es empfiehlt sich zuerst ein Viertel des Sternes, also eine Ecke, mit Plattstichpäckchen zu umranden, so daß Sie sich einen besseren Überblick des Musters verschaffen können. Dazu sticken Sie zunächst vom Mittelpunkt aus nach links die Plattstichreihe mit 12 Päckchen. Dann erfolgt die Plattstichtreppe – hin zur ersten Sternspitze – über 32 Plattstichpäckchen. Den Winkel der beiden Sternspitzen sticken Sie wieder in einer Plattstichreihe über 2 x 12 Päckchen. Von der zweiten Spitze aus sticken Sie die Plattstichtreppe mit 32 Päckchen und die 12 Plattstichpäckchen in Reihe zurück zur Mitte. Dann werden die zwei inneren Plattstichtreppen mit jeweils 14 Päckchen zum Winkel hin gestickt.

Nach Fertigstellung aller Sternspitzen und aller Plattstichumranden, auch von Spinnen und Malteserkreuzen (wie im Muster angegeben), sticken Sie den äußeren Langettenrand. Mit dem Goldfaden werden zuerst die Madeirasternchen eingestickt, bevor Sie das Gewebe klarlegen.

Beim Gewebe klarlegen werden die vier umstickten Gewebefäden jeweils dicht an den Plattstichen abgeschnitten. Die losen Fäden werden herausgezogen, so daß ein großflächiges Fadengitter aus je vier Gewebefäden entsteht. Jeweils zwei Fäden zu einem Steg gestopft. Die Plattstichfüllungen der kleinen Sternecken werden dem Muster entsprechend klargelegt. Nach dem Klarlegen werden die vier äußeren Gewebefäden zu jeweils 2 Stegen gewickelt. In das innere Fadengitter sticken Sie ein Malteserkreuz

Ganz zum Schluß die Spinnen einsticken und den Langettenrand mit der Nähmaschine durchsteppen.

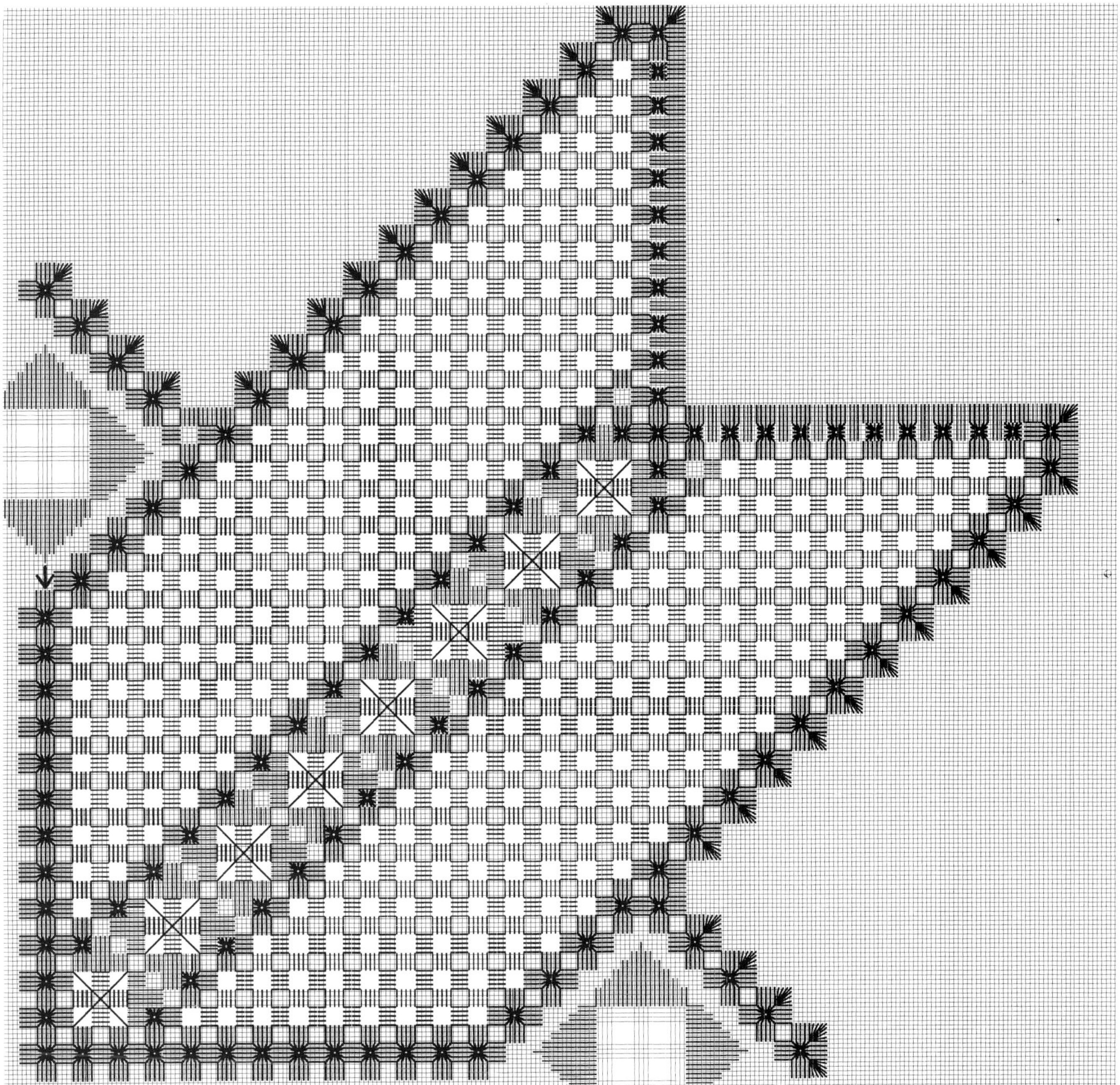

Weiß-grünes Kissen

Größe: 40 x 40 cm

Material:

45 x 90 cm Leinen, 8,4 Fäden/cm, MEZ Perlgarn Nr. 5 für Plattstich, MEZ Perlgarn Nr. 8 für Stopfstich und Edelweiß.

So wird es gemacht:

Zuerst den Stoff mit einem Zickzackstich gegen das Ausfransen sichern.

Sie beginnen 10 cm ab Rand in der Mitte einer Seite mit dem ersten kleinen Quadrat. Bei diesem sticken Sie rundherum die Plattstichtreppe. Jeweils 16 Gewebefäden links und rechts von dem ersten Päckchen beginnt das Eckmuster mit den Plattstichpäckchen laut Zählmuster.

Nach Fertigstellung der Plattstichtreppen wird das Gewebe in den Durchbruchquadraten und -rechtecken klargelegt. Dazu werden die vier umstickten Gewebefäden dicht am Plattstich abgeschnitten. Die losen Fäden werden herausgezogen, so daß ein Fadengitter aus je vier Gewebefäden entsteht. Diese stehengebliebenen Fäden werden mit dem Stopfstich umstickt.

Zum Schluß werden die fünf Mittelmotive ausgezählt und die Plattstichquadrate mit Edelweiß gefüllt. Die Seitennähte schließen. In der unteren Naht eine Öffnung für den Reißverschluß lassen.Den Reißverschluß verdeckt einnähen, die Nahtränder beschneiden, über Eck abschrägen und mit einem Zickzackstich versäubern.

Weiß-beiges Kissen

Größe: 40 x 40 cm

Material:

45 x 90 cm Leinen, 8,4 Fäden/cm, MEZ Perlgarn Nr. 5 für den Plattstich, MEZ Perlgarn Nr. 8 für Stopfstich, Wickelstich und Malteserkreuze.

So wird es gemacht:

Zuerst den Stoff mit einem Zickzackstich gegen das Ausfransen sichern.

Sie beginnen 10 cm ab Rand mit der äußeren, freiliegenden Plattstichtreppe. Von dieser Plattstichtreppe zählen Sie 44 Gewebefäden bis zum Mittelquadrat ab. Dann sticken Sie sowohl die äußeren, doppelten Plattstichtreppen als auch das innere Kreuz/Diagonalen, aus denen sich dann die vier kleinen Quadrate ergeben.

Nach Fertigstellung der Plattstichtreppen wird das Gewebe in den Durchbruchquadraten klargelegt. Dazu werden die vier umstickten Gewebefäden dicht am Plattstich abgeschnitten. Die losen Fäden werden herausgezogen, so daß ein Fadengitter aus je vier Gewebefäden entsteht. Diese stehengebliebenen Fäden werden mit dem Stopfstich umstickt und laut Zählmuster die Spinnen gewickelt.

Die vier Ecken werden mit Plattstichen laut Zählmuster gestickt, die Fäden klargelegt und mit Malteserkreuzen gefüllt.

Die Seitennähte schließen. In der unteren Naht eine Öffnung für den Reißverschluß offenlassen. Den Reißverschluß verdeckt einnähen, die Nahtränder beschneiden, über Eck abschrägen und mit einem Zickzackstich versäubern.

Die zahlreichen Füllungen bilden hier ein reizvolles Muster

Kissen mit Durchbruch-quadraten

Größe: 40 x 40 cm

Material:

45 x 90 cm Leinen, 8,4 Fäden/cm, MEZ Perlgarn Nr. 5 für Plattstich, MEZ Perlgarn Nr. 8 für Stopfstich.

So wird es gemacht:

Zuerst den Stoff mit einem Zickzackstich gegen das Ausfransen sichern.

Sie beginnen 10 cm ab Rand, siehe Pfeil, mit den Plattstichpäckchen und den diagonalen Plattstichtreppen. In die vier Ecken sticken Sie jeweils einen Plattstichstern wie im Zählmuster angegeben. Die doppelte Plattstichtreppe für das große Quadrat wird in Abstand von vier Gewebefäden ab Pfeil gestickt.

Nach Fertigstellung der Plattstichtreppen wird das Gewebe des Durchbruchquadrates klargelegt. Dazu werden die vier umstickten Gewebefäden jeweils dicht am Plattstich abgeschnitten. Die losen Fäden werden herausgezogen, so daß ein großflächiges Fadengitter aus je vier Gewebefäden entsteht. Diese stehengebliebenen Fäden werden mit dem Stopfstich umstickt.

Die Seitennähte schließen. In der unteren Naht eine Öffnung für den Reißverschluß offenlassen. Den Reißverschluß verdeckt einnähen , die Nahtränder beschneiden, über Eck abschrägen und mit einem Zickzackstich versäubern.

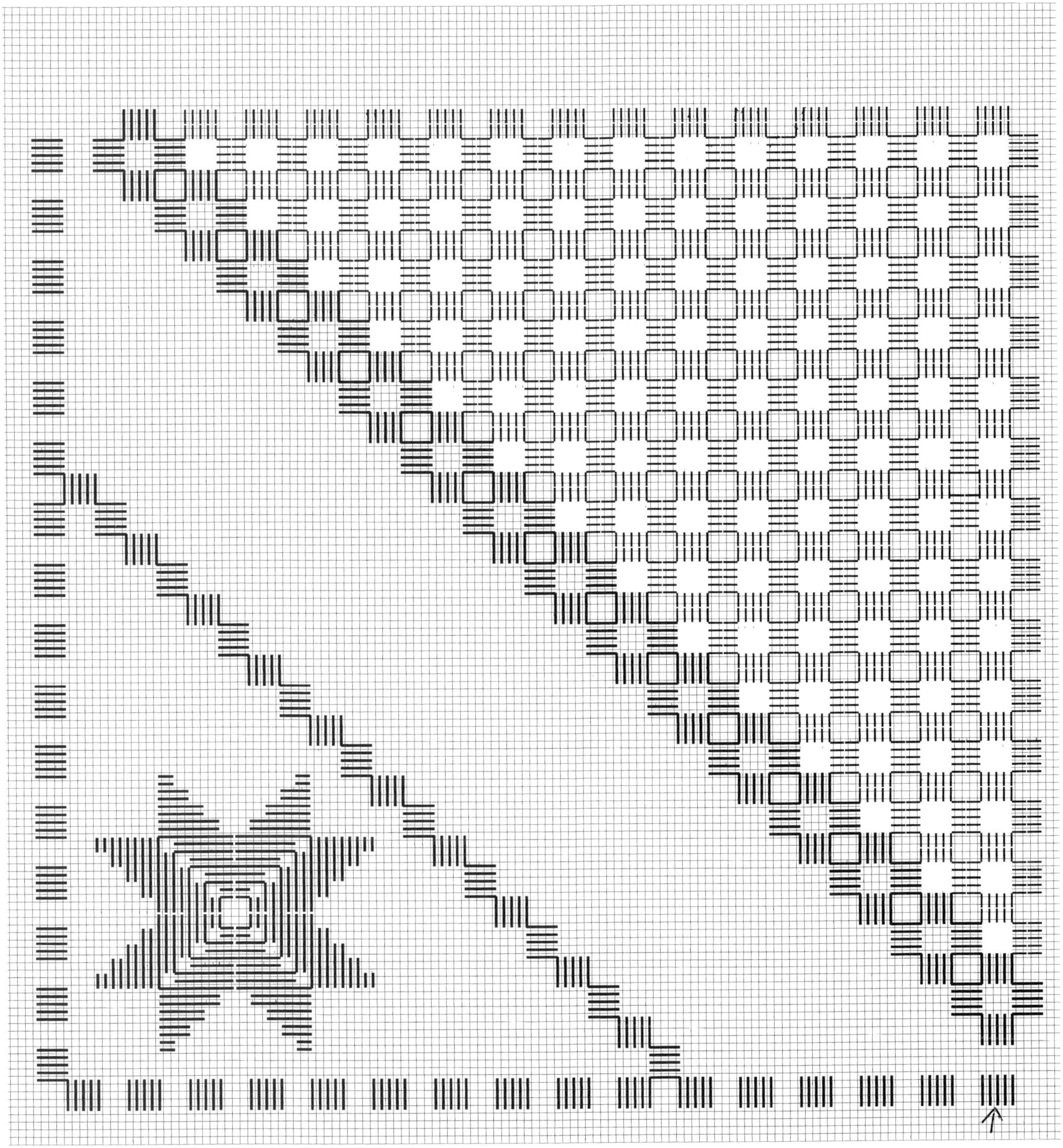

Grüne Tischdecke

Größe: 140 x 170 cm grün

Material:

150 x 180 cm zählbarer Baumwollstoff, 7,1 Fäden/cm, MEZ Perlgarn Nr. 5 für Plattstich, MEZ Perlgarn Nr.8 für die Stopfstich.

So wird es gemacht:

Zuerst den Stoff mit einem Zickzackstich gegen das Ausfransen sichern.

Sie beginnen in der Mitte der Längsseite, ca. 11 cm ab Rand, und zwar in der Mitte des Dreieckes. Die Plattstichtreppen und Plattstichumrandungen wie im Muster angegeben sticken. Sieben Dreiecke befinden sich auf der Längsseite und sechs auf der Breitseite.

Anschließend wird das Gewebe der Durchbruchdreiecke klargelegt. Dazu werden die vier umstickten Gewebefäden jeweils dicht am Plattstich abgeschnitten. Die losen Fäden werden herausgezogen, so daß ein großflächiges Fadengitter aus je vier Gewebefäden entsteht. Diese stehengebliebenen Fäden werden mit dem Stopfstich umstickt.

Nachdem Sie alle äußeren Dreiecke gestickt, freigelegt und umstopft haben, zählen Sie von der Spitze des vierten Dreieckes auf der Längsseite 196 Fäden ab und beginnen mit dem Sticken der Plattstichpäckchen wie im Zählmuster angegeben. Dabei zeigt die Spitze des bereits gestickten Dreieckes genau auf das 6. Plattstichpäckchen des kleinen Dreieckes, dessen Basis aus insgesamt 11 Plattstichpäckchen besteht. Wenn alle Plattstichpäckchen und -treppen des Dreiecks gestickt sind, legen Sie das Gewebe klar.

Zum Schluß den Stoff ca. 4,5 cm nach links einfach umlegen und die Ecke abschrägen.

Übersticken Sie den Saum mit einem Plattstich über sechs Gewebefäden von rechts nach links. Achten Sie darauf, daß der Saum sauber eingefaßt wird.

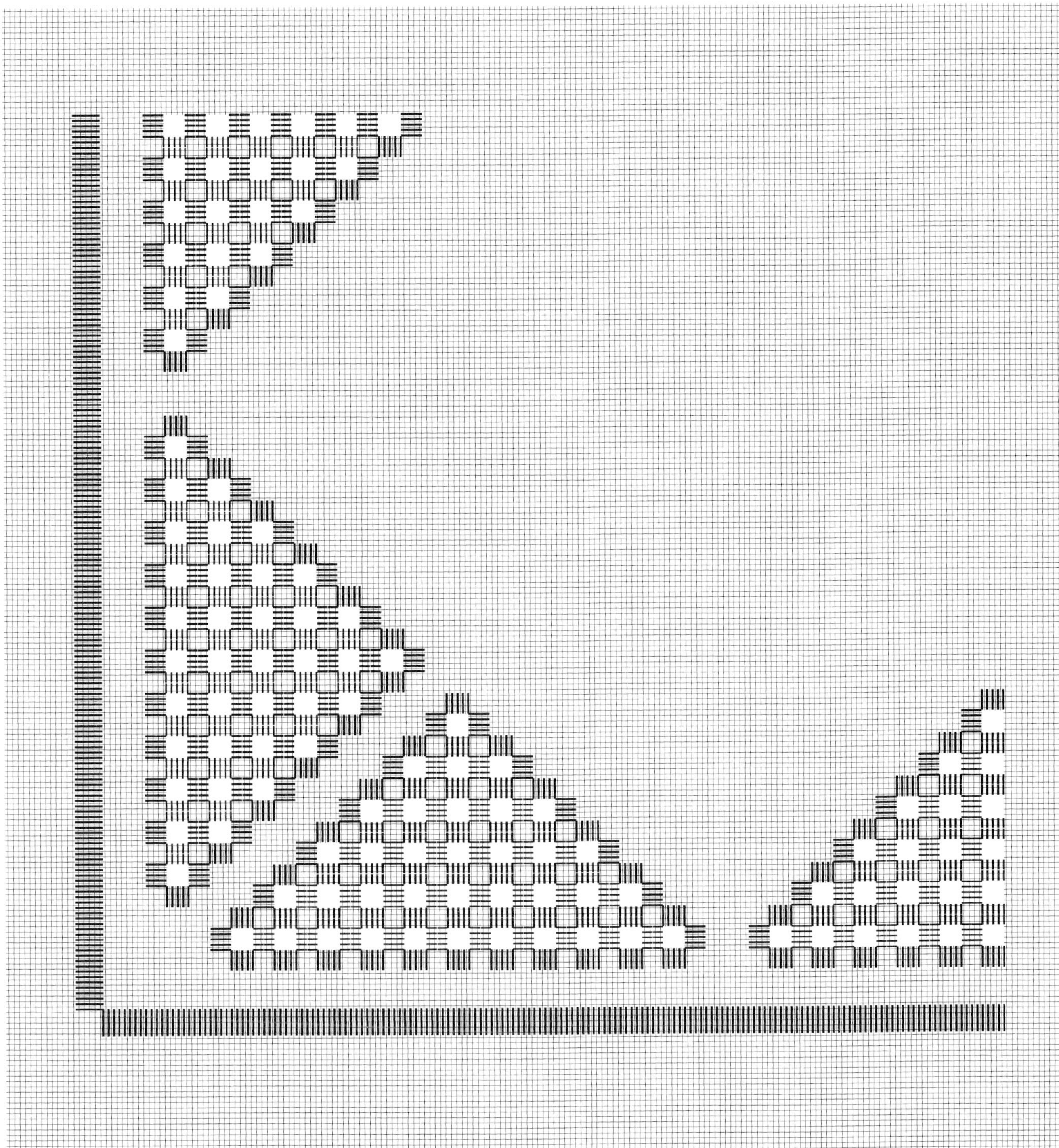

Weiß-beige Bespannung für einen Biedermeierstuhl

Motiv zum Sitzkissen. Den Stuhl sehen Sie auf Seite 68 abgebildet.

Material:

38 x 48 cm Leinen , 8,5 Fäden/cm für die Rückenbespannung,
70 x 70 cm Leinen , 8,5 Fäden/cm für die Sitzbespannung,
MEZ Perlgarn Nr. 5 für den Plattstich,
MEZ Perlgarn Nr. 8 für Stopfstich, Wickelstich, Madeirasternchen, schräger Maschenstich. und Malteserkreuze.

So wird es gemacht:

Der Stoffzuschnitt muß den jeweiligen Stuhlmaßen angepaßt werden. Dann wird zuerst der Stoff mit einem Zickzackstich gegen das Ausfransen gesichert.

Sitzbespannung:

Sie beginnen 12 cm ab Rand in der Mitte der Seite siehe Pfeil mit der Spitze des Quadrates. Zunächst werden alle Plattstichgruppen laut Zählmuster gestickt. Dabei sticken Sie zunächst immer die Hälfte einer Malteserkreuz-Umrandung und zwar treppenförmig von rechts nach links. Auf dem „Rückweg" bzw. in der „zweiten Runde" vervollständigen Sie dann die Plattstichumrandungen, die dann mit Malteserkreuzen gefüllt werden.

Nach der zweiten Malteserkreuzumrandung wird die doppelte Plattstichtreppe gestickt, die mit Madeirasternchen gefüllt wird.

Für das mittlere Quadrat zählen Sie vom inneren Stickrand 44 Fäden hoch und beginnen mit der doppelten Plattstichgruppe, die wiederum mit Madeirasternchen gefüllt wird.

Anschließend wird das Gewebe des Durchbruchquadrates klargelegt. Dazu werden die vier umstickten Gewebefäden jeweils dicht am Plattstich abgeschnitten. Die losen Fäden werden herausgezogen, so daß ein großflächiges Fadengitter aus je vier Gewebefäden entsteht. Diese stehengebliebenen Fäden werden mit dem Stopfstich und dem Wickelstich (Spinne) umstickt.

Rückenlehne:

Sie beginnen in der Mitte der schmalen Seite, ca. 10 cm ab Rand mit den doppelten Plattstichgruppen und -treppen, die mit Madeirasternchen gefüllt werden.

Nach 28 Fäden arbeiten Sie den inneren Rand auf die gleiche Weise. In dem entstandenen Zwischenraum werden Malteserkreuze eingestickt. Sie zählen von der inneren Plattstichgruppe bis zur Spitze des Mittelmotives 24 Fäden ab und sticken wiederum die doppelte Plattstichtreppe mit Madeirasternchen, das Gewebe klarlegen wie oben beschrieben und die Stege mit Stopf- und Wickelstich umsticken. Um das Mittelmotiv sticken Sie zum Schluß den schrägen Maschenstich wie im Zählmuster angegeben.

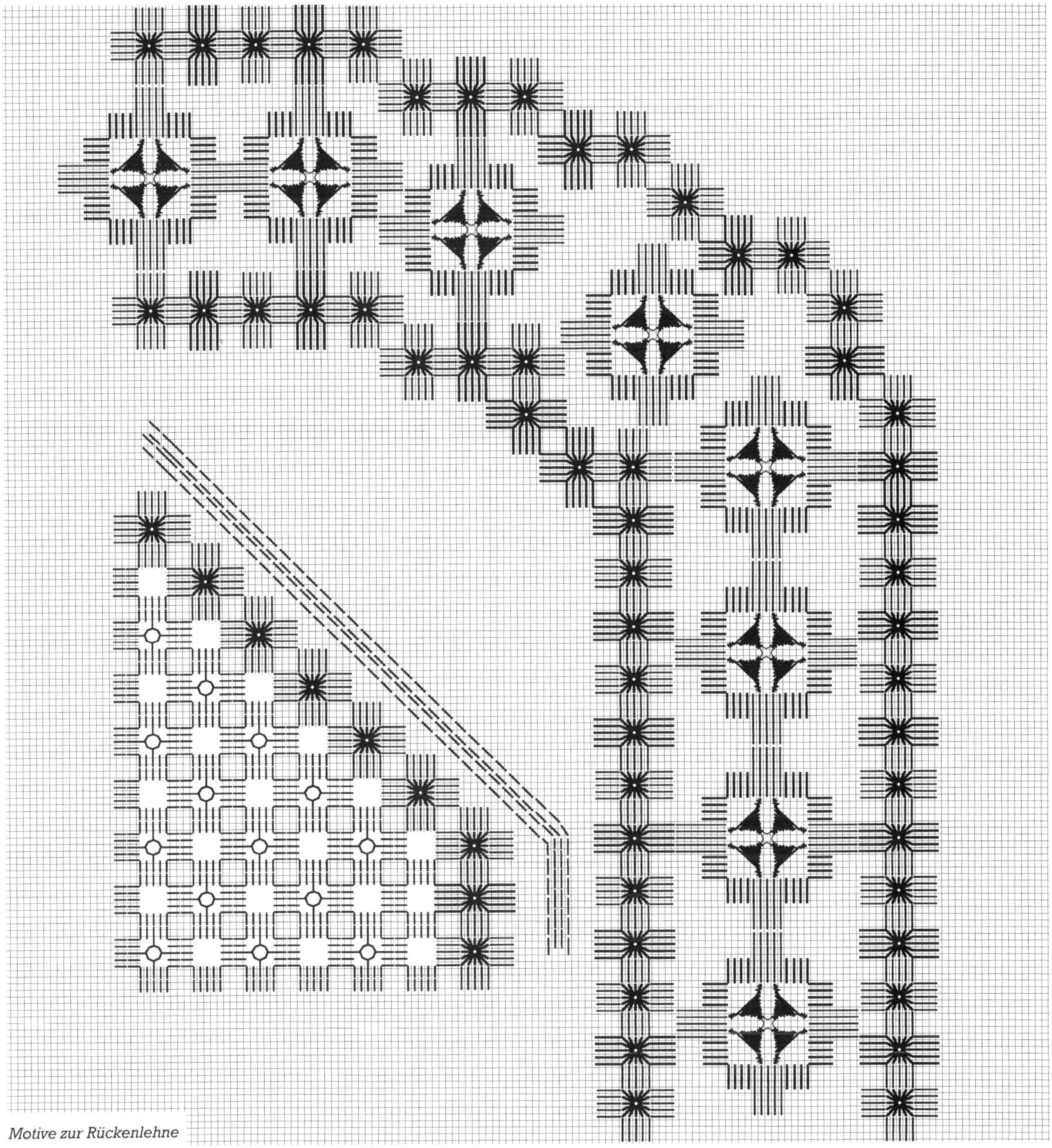

Motive zur Rückenlehne

Sesselbespannung in Naturleinen

Den Plattstich des Lehnenbezuges finden Sie in der Musterzeichnung auf S. 133.

Material:

40 x 50 cm Siebleinen , 8,4 Fäden/cm für die Rückenbespannung,
60 x 70 cm Siebleinen, 8,4 Fäden/cm für die Sitzbespannung,
MEZ Perlgarn Nr. 5 für Plattstich und Stopfstich,
MEZ Perlgarn Nr. 8 für Madeirasternchen.

So wird es gemacht:

Der Stoffzuschnitt muß den jeweiligen Stuhlmaßen angepaßt werden. Die genauen Maße Ihres Stuhles werden mit einem Faden auf dem Leinen markiert.

Zuerst jedoch wird der Stoff mit einem Zickzackstich gegen das Ausfransen gesichert.

Sitzbespannung:

Sie beginnen 4,5 cm ab der Fadenmarkierung in der Mitte der Seite (siehe Pfeil) mit der Plattstichumrandung. Das Plattstichmuster wird in zwei Runden über 2 x 4, 6, 8, 10, 8, 6, 4 Fäden gestickt, so daß die Spitzen jeweils eine Raute ergeben. Das Plattstichmuster hat bei unserem Stuhl ein Maß von 47 cm x 40 cm.

Das Dreieckmotiv in den Ecken erfolgt im Abstand von 8 Fäden vom Plattstichrand. Die beiden Schenkel haben eine Länge von 12 waagerechten, doppelten Plattstichpäckchen. Die Plattstichpäckchen werden mit Madeirasternchen gefüllt.

Sind alle Ecken mit Plattstichen gestickt, wird das Gewebe der Durchbruchdreiecke klargelegt.

Dazu werden die vier umstickten Gewebefäden jeweils dicht am Plattstich abgeschnitten. Die losen Fäden werden herausgezogen, so daß ein großflächiges Fadengitter aus je vier Gewebefäden entsteht. Diese stehengebliebenen Fäden werden mit dem Stopfstich und dem Wickelstich (Spinne) umstickt.

Rückenlehne:

Die Rückenlehne hat das gleiche Muster wie die Sitzbepannung. Das Dreiecksmotiv in den Ecken erfolgt im Abstand von 8 Fäden vom Plattstichrand. Die beiden Schenkel haben eine Länge von 10 waagerechten, doppelten Plattstichpäckchen.

Sind die Madeirasternchen gestickt und das Gewebe klargelegt, sticken Sie das Plattstichmotiv in die Mitte wie im Muster angegeben.

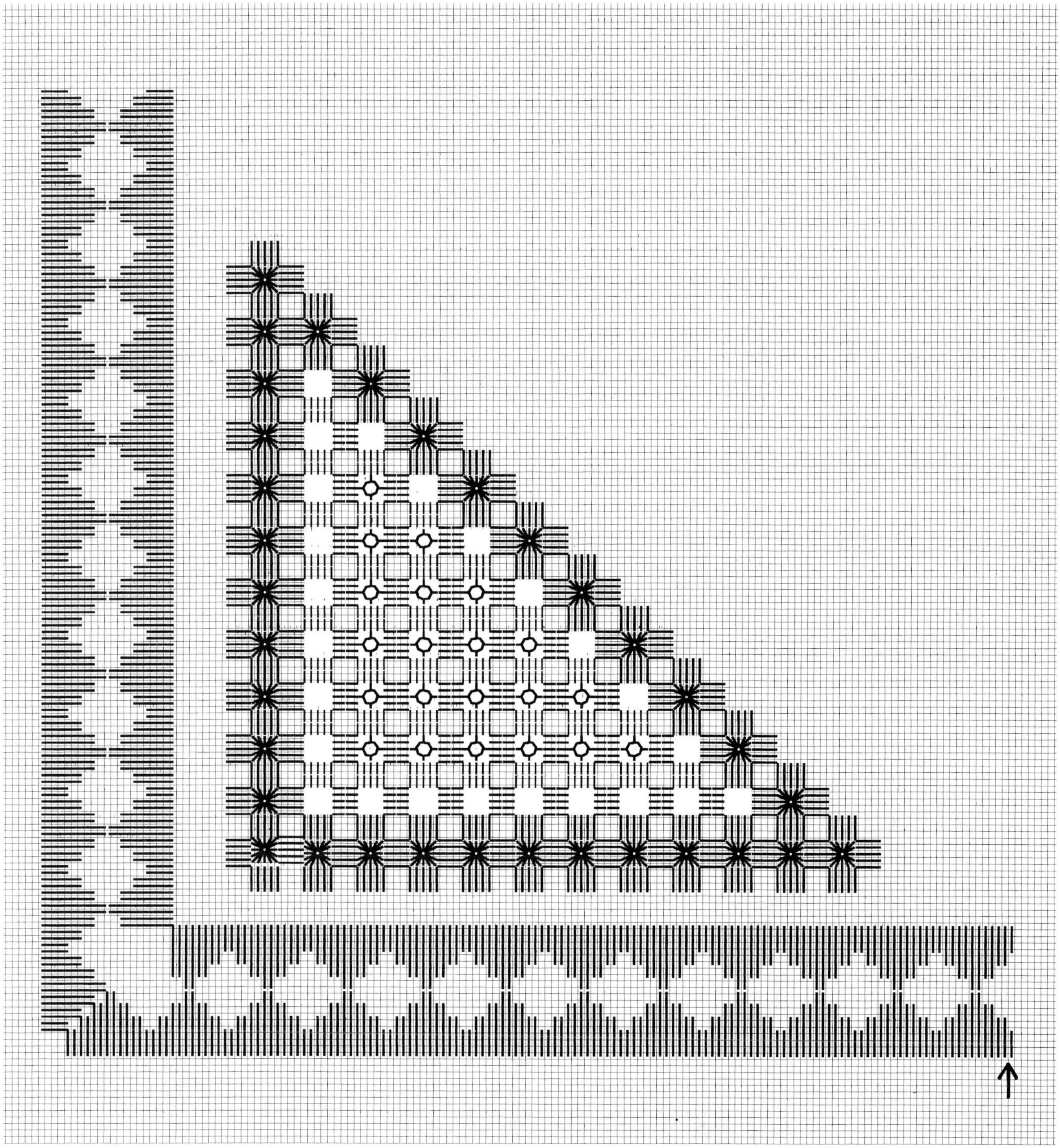

Lampenschirme:

Wieviel Stoff braucht man für einen Lampenschirm?

Mit folgender Formel können Sie sich den Stoffzuschnitt für Ihre Lampe ganz leicht selbst ausrechnen:

A. Lampenschirmdurchmesser x 3,14
= Stofflänge

B. Schirmhöhe
+ 15 cm für die Spitze
+ 10 cm für den Kragen mit Gummizug
= Stoffbreite

Beispiel:

Lampenschirmmaße:
Durchmesser: 46 cm
Höhe: 45 cm
12 Stäbe

Dann brauchen Sie:

A. 46 cm x 3,14 = 145 cm
B. 45 cm + 15 cm + 10 cm = 70cm

Der Stoff sollte eine Zuschnitt von 145 cm x 70 cm plus 2 cm für die Seitennaht haben.

Damit das Hardanger-Muster voll zur Geltung kommt, ist es wichtig, den Stoff vorher in Felder einzuteilen.

Allgemein gilt hier die Formel:

Stofflänge : 12 = Breite der Felder

Beispiel:

Stofflänge = 145 cm
45 cm : 12 = 12,1 cm breite Felder

Sie besticken also 12 Felder, die jeweils eine Breite von 12,1 cm haben.

Diese Felder werden folgendermaßen erstellt:

Sie lassen 10 cm Platz für den Kragen mit Gummizug. Messen Sie dann den Abstand vom oberen Rand des Stoffes und ziehen einen farbigen Faden waagerecht ein. Genauso verfahren Sie an der anderen Stoffseite. Hier messen Sie jedoch 20 cm Abstand ab. Dann ziehen Sie einen farbigen Faden waagerecht ein.

Nun erfolgt die senkrechte Einteilung und Markierung der Felder.

Weiß-rosa Stehlampenschirm im Rautenmuster

Material:

75 x 160 cm Leinen oder Siebleinen, 8,4 Fäden/cm, MEZ Perlgarn Nr. 5 für Plattstich, MEZ Perlgarn Nr. 8 für Stopfstich und Malteserkreuze.

So wird es gemacht:

Zuerst den Stoff mit einem Zickzackstich gegen das Ausfransen sichern.

Dann beginnen Sie mit der Einteilung des Musters. Der Lampenschirm hat einen Umfang von 157 cm mit acht Trägern (acht Felder). Das heißt 157 cm geteilt durch acht ergibt 19,7 cm pro Feld.

Jedes Muster wird für ein Feld angelegt. Sie beginnen ca. 20 cm vom unteren Stoffrand mit der doppelten Plattstichtreppe der großen Quadrate bzw. Karos. Nach 16 Fäden sticken Sie mit einer einfachen Plattstichtreppe in die Mitte ein kleines Karo ein. Die Gewebefäden werden noch nicht klargelegt. Sie sticken erst das nächste kleinere Karo genauso wie das erste, ebenso die drei weiteren, siehe dazu auch Zählmuster.

Erst wenn die gesamte Karoreihe gestickt ist, wird das Gewebe der einzelnen Karos freigelegt. Dazu werden die vier umstickten Gewebefäden jeweils dicht am Plattstich abgeschnitten. Die losen Fäden werden herausgezogen, so daß ein großflächiges Fadengitter aus je vier Gewebefäden entsteht. Diese stehengebliebenen Fäden werden bei diesem Muster nicht gestopft, sondern gewickelt. Das heißt, zwei der vier stehengebliebenen Fäden werden zusammen umwickelt und mit den im Zählmuster angegebenen Füllungen verziert. Zwischen den Karoreihen ordnen Sie in die großen Plattstichgruppen und -ranken, die Malteserumrandungen, -kreuze und Karos an. Die genaue Fadenzahl entnehmen Sie dem Zählmuster.

Zum Schluß die Seitennähte schließen. Oben und unten für den Gummizug einen 1 cm breiten Saum anfertigen.

Die fertige Lampe mit dem Gestell heiß abduschen und zum Trocknen auf ein Handtuch stellen.

Oberes Motiv der Stehlampe

Unteres Motiv der Stehlampe von Seite 131

Weiß-beiger Hängelampen-schirm

Material:

70 x 150 cm Leinen, 8,4 Fäden/cm, MEZ Perlgarn Nr.5 für Plattstich, MEZ Perlgarn Nr.8 für Stopfstich, Malteserkreuze und Edelweiß.

So wird es gemacht:

Zuerst den Stoff mit einem Zickzackstich gegen das Ausfransen sichern.

Danach wird das Muster eingeteilt. Der Lampenschirm hat einen Umfang von 145 cm und 12 Felder. Das heißt 145 cm geteilt durch 12 ergibt 12,1 cm pro Feld.

Jedes Muster wird für ein Feld angelegt, so daß Sie von jedem Feld zunächst die Mitte ermitteln und mit einer Nadel markieren. Sie beginnen mit der Spitze des ersten unteren Karos und zwar 5 cm vom unteren eingezogenen Faden

Das Karo hat eine Länge von 10 Plattstichpäckchen im Quadrat. Das obere Karo hat die gleiche Größe und wird im Abstand von vier Fäden zum ersten gestickt. Dann wird in jedes Karo die Plattstichumrandung für die vier Füllungen gestickt.

Anschließend wird das Gewebe klargelegt. Dazu werden die vier umstickten Gewebefäden jeweils dicht am Plattstich abgeschnitten. Die losen Fäden werden herausgezogen, so daß ein großflächiges Fadengitter aus je vier Gewebefäden entsteht. Diese stehengebliebenen Fäden werden wie im Muster angegeben mit Edelweiß und Malteserkreuz gefüllt.

Spitzenrand:

Vier Fäden unterhalb der unteren Fadenmarkierung sticken Sie zwei durchgehende Plattstichreihen über 4 Fäden und lassen dazwischen vier Fäden frei.

Jede Zacke entspricht genau den Maßen der markierten Felder. Daß bedeutet, die Zackenspitze liegt genau in der Mitte eines Feldes. Sie beginnen an der Feldmarkierung, sticken eine Plattstichtreppe mit 13 Plattstichpäckchen bis zur Spitze und wieder hoch. Nach dem Plattstich wird der Langettenrand gestickt. Anschließend wird das Gewebe klargelegt. Die stehengebliebenen Fäden werden mit dem Stopfstich umstickt. Den Langettenrand mit der Nähmaschine durchsteppen. Sie schließen die Seitennähte und nähen oben einen Gummizug ein. Dann stülpen Sie den Bezug auf den Schirm und passen das Muster den Feldern an. Die beiden durchgehenden Plattstichreihen liegen auf der unteren Kante des Lampenschirmes. Die dazwischenliegenden vier Fäden werden im Plattstich umstickt, wobei das Gestell mit eingefaßt wird.

Damit die Form des Lampenschirmes richtig zur Geltung kommt, werden die einzelnen Felder mit dem Kästchenstich eingefaßt und gleichzeitig das Gestell des Schirmes umstickt.

Mit einer Kordel werden die obere und untere Krempe zusammengezogen.

Die fertige Lampe mit dem Gestell heiß abduschen und zum Trocknen auf ein Handtuch stellen. Die Spitzen werden von links feucht gebügelt.

Lachsfarbener Stehlampenschirm mit Spitzenrand

Material:

85 x 180 cm Leinen, 8,4 Fäden/cm, MEZ Perlgarn Nr. 5 für Plattstich und Stopfstich, MEZ Perlgarn Nr. 8 für Malteserkreuze.

So wird es gemacht:

Zuerst den Stoff mit einem Zickzackstich gegen das Ausfransen sichern.

Dann wird das Muster eingeteilt. Der Lampenschirm hat einen Umfang von 172 cm und 12 Felder. Das heißt 172 cm geteilt durch 12 ergibt 14,33 cm pro Feld. Jedes Muster wird für ein Feld angelegt. Sie beginnen ca. 20 cm vom unteren Stoffrand mit der Markierung der Felder mittels eines farbigen Fadens wie oben beschrieben.

Sie beginnen mit der Spitze des unteren großen Karos. Das heißt, 104 Fäden vom eingezogenen Faden nach unten abzählen und die Plattstichtreppe von links nach rechts sticken.

So werden die äußeren Plattstichtreppen aller fünf Karos – die Größe geht aus dem Zählmuster hervor – vollendet. In das Innere der beiden unteren Karos werden kleine Rauten, wie im Muster beschrieben, eingestickt. So werden alle 12 Felder gestickt. Dann sticken Sie den Langettenrand und füllen die Plattstichquadrate mit Madeirasternchen.

Über den eingezogenen Faden sticken Sie über vier Fäden den ersten Plattstichrand, der zweite wird im Abstand von 24 Fäden gestickt. Diese beiden Stickränder liegen genau auf dem doppelten Lampenschirmrand.

Jetzt legen Sie das Gewebe klar. Dazu werden die vier umstickten Gewebefäden jeweils dicht am Plattstich abgeschnitten. Die losen Fäden werden herausgezogen, so daß ein großflächiges Fadengitter aus je vier Gewebefäden entsteht. Diese stehengebliebenen Fäden werden mit dem Stopfstich umstickt.

Sie schließen die Seitennähte und nähen oben einen Gummizug ein. Dann stülpen Sie den Bezug auf den Schirm und passen das Muster den Feldern an. Die beiden durchgehenden Plattstichreihen liegen auf der unteren Kante des Lampenschirmes. Die dazwischenliegenden vier Fäden werden im Plattstich umstickt, wobei das Gestell mit eingefaßt wird. Den Langettenrand mit der Nähmaschine durchsteppen.

Die fertige Lampe mit dem Gestell heiß abduschen und zum Trocknen auf ein Handtuch stellen.

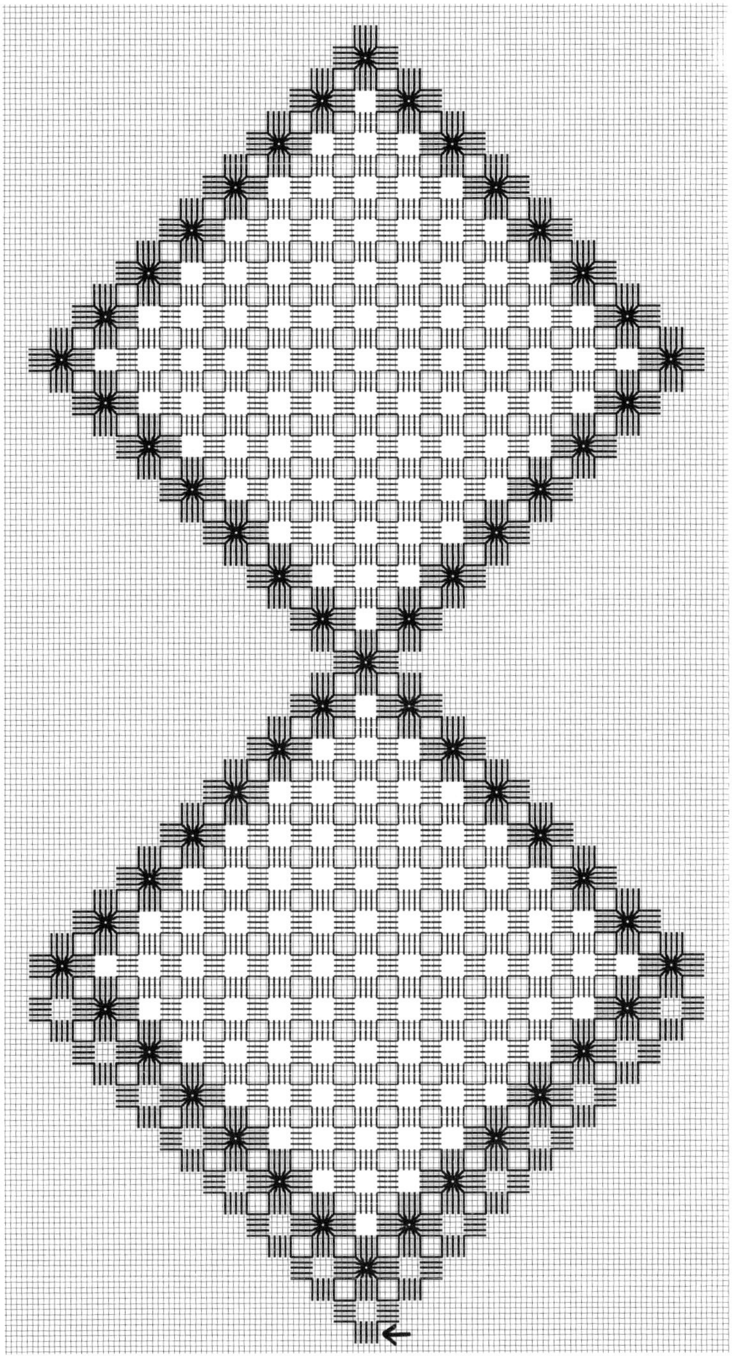

Unterteil

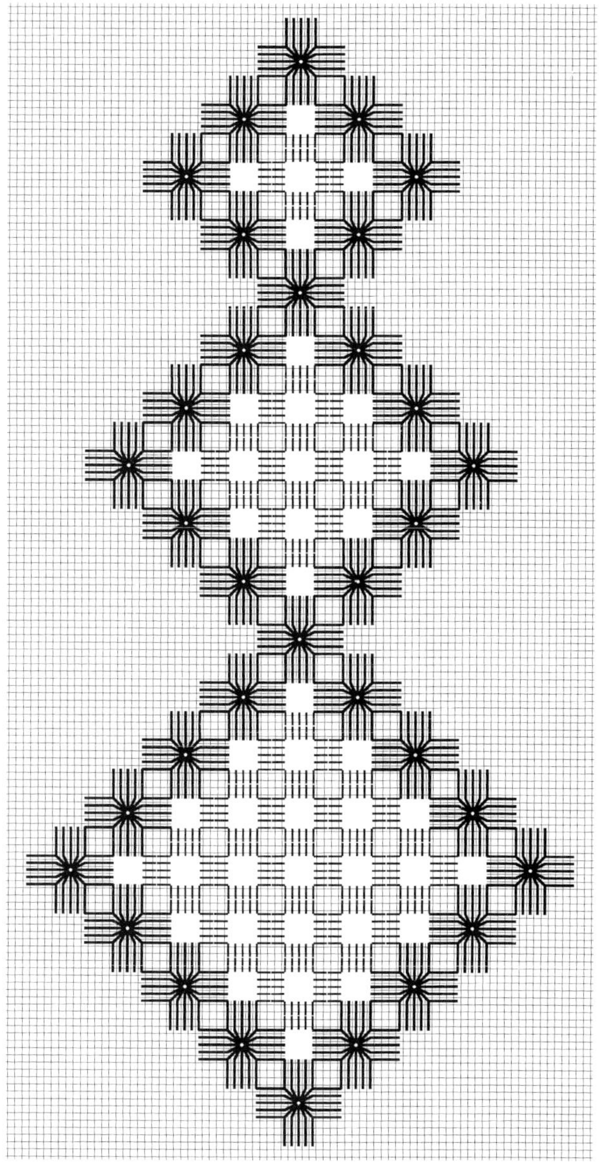

Oberteil

Weiß-rosa Hängelampenschirm mit Fransen

Material:

70 x 150 cm Leinen, 8,4 Fäden/cm, MEZ Perlgarn Nr. 5 für Plattstich, MEZ Perlgarn Nr. 8 für Stopfstich, Heckenrose. und Edelweiß.

So wird es gemacht:

Zuerst den Stoff mit einem Zickzackstich gegen das Ausfransen sichern.

Dann wird das Muster eingeteilt. Der Lampenschirm hat einen Umfang von 145 cm und hat 12 Felder. Das heißt 145 cm geteilt durch 12 ergibt 12,05 cm pro Feld.

Jedes Muster wird für ein Feld angelegt. Sie beginnen ca. 14 cm vom unteren Stoffrand mit der Markierung der Felder mittels eines farbigen Fadens, wie oben beschrieben. Bei dieser Lampe greifen die Motive ineinander über, wobei sich jeweils zwei Motive immer abwechseln.

Motiv 1: Plattstichranke mit Karo

Sie beginnen im Abstand von 4 cm von der waagerechten Fadenmarkierung in der Mitte eines Feldes. Sie sticken zunächst die Plattstichtreppe über 10 Plattstichpäckchen. Im Abstand von 32 Fäden sticken Sie den oberen Durchbruchwinkel wie im Muster angegeben über 10 Plattstichtreppen.

Dann wird die Plattstichranke laut Muster angeordnet. Erst jetzt wird das Gewebe der Durchbruchmotive klargelegt. Dazu werden die vier umstickten Gewebefäden jeweils dicht am Plattstich abgeschnitten. Die losen Fäden werden herausgezogen, so daß ein großflächiges Fadengitter aus je vier Gewebefäden entsteht. Die stehengebliebenen Fäden des Quadrates werden mit dem Stopfstich umstickt und mit der Heckenrose gefüllt. Der Durchbruchwinkel wird gestopft und mit Pikots verziert.

Motiv 2: Dreieck und Raute

Sie beginnen mit der Ecke des unteren Dreiecks und sticken über 17 waagerechte, doppelte Plattstichpäckchen auf der Grundlinie. Die doppelte Plattstichtreppe des Dreiecks umfaßt 13 Plattstichpäckchen bis zu dem Punkt, wo das Karo eingeklinkt ist. Die doppelte Plattstichtreppe des oberen Karos hat eine Länge von 18 Plattstichpäckchen. Das Mittelmotiv des Karos besteht aus Plattstichumrandungen für fünf Edelweiß-Füllungen, die Sie dem Muster entnehmen.

Sind alle Plattstiche ausgeführt wird das Gewebe des unteren Durchbruch-Dreiecks klargelegt. Dazu werden die vier umstickten Gewebefäden jeweils dicht am Plattstich abgeschnitten. Die losen Fäden werden herausgezogen, so daß ein großflächiges Fadengitter aus je vier Gewebefäden entsteht. Diese stehengebliebenen Fäden werden mit dem Stopfstich umstickt und mit Pikots verziert.

Kragen:

Für den Kragen der Lampe schneiden Sie einen Leinenstreifen von 20 x 50 cm zu. Im Abstand von 10 cm vom oberen Rand sticken Sie eine waagerechte, doppelte Plattstichreihe und wiederholen diese im Abstand von 36 Gewebefäden. Im Abstand von jeweils vier Gewebefäden ordnen Sie die Plattstichumrandung und die Edelweißfüllungen an.

Für die Fransen schneiden Sie einen Leinenstreifen von 25 cm x Lampenumfang zu und legen ihn längsseitig doppelt. Über dem Stoffbruch häkeln Sie eine Kante mit festen Maschen über vier Fäden.

Für die Fertigstellung schließen Sie zuerst die Seitennaht des Lampenbezuges. Dann legen Sie sowohl unten als auch oben einen einfachen Saum von 3 cm und lassen ca. 1 cm Öffnung für den Gummizug. Jetzt ziehen Sie den Bezug über die Lampe, passen das Muster den Stäben an und ziehen dann das Gummi stramm. Dann wird der Kragen fertiggestellt. Auch hier erst die Seitennaht schließen, einen Saum für den oberen Gummizug fassen und den Kragen über den freien Hals des Lampenschirmes stülpen. Der untere Stoffrand wird bis zur Stickerei umgeschlagen und hohl an den darunterliegenden Bezug des Lampenschirmes genäht.

Die fertige Lampe mit dem Gestell heiß abduschen und zum Trocknen auf ein Handtuch stellen. Nach dem Trocknen befestigen Sie die Fransenborte. Die Fransen entstehen nach dem Annähen, indem Sie Querfäden einzeln herausziehen.

Muster für den Kragen der Lampe

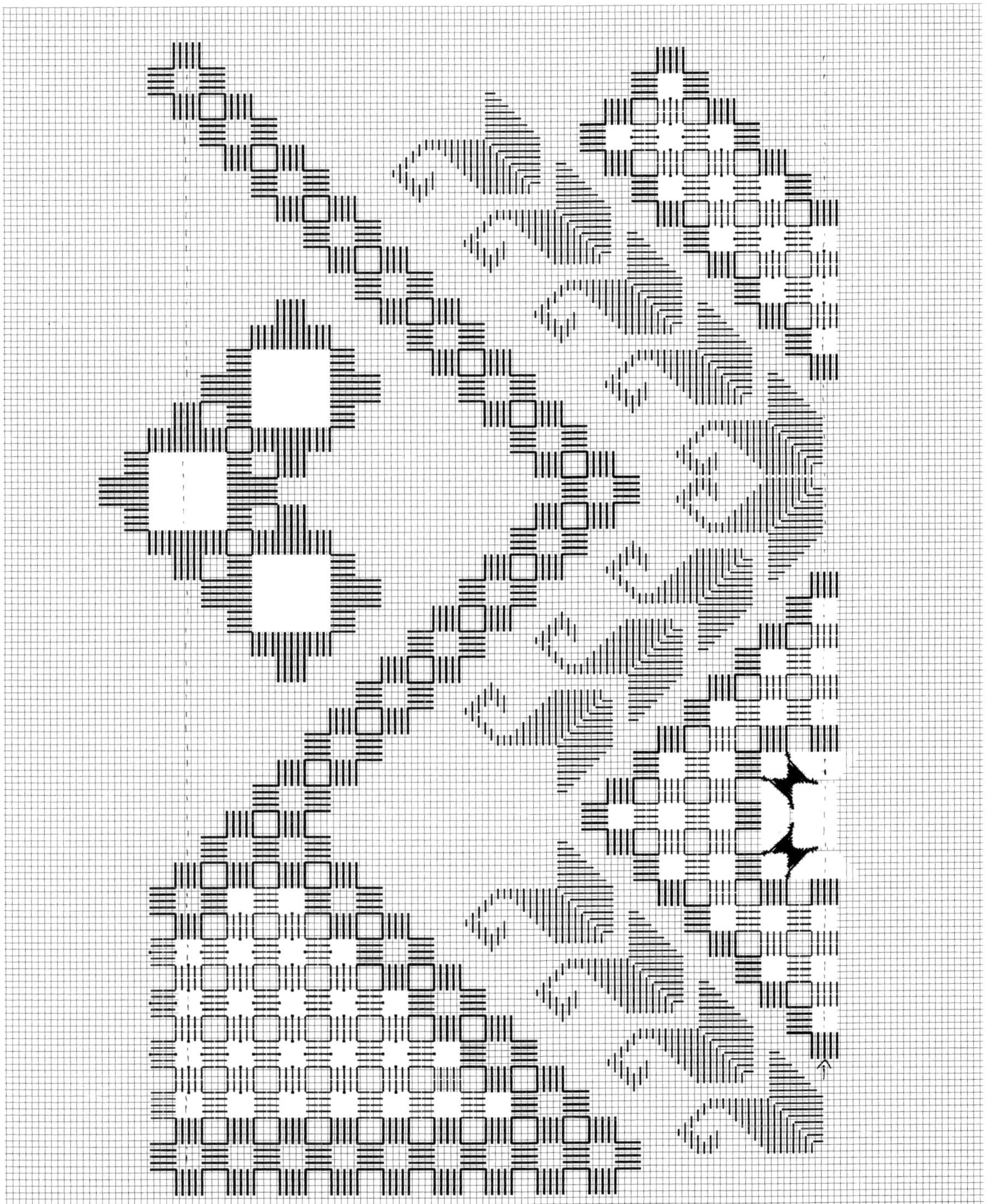

Muster für den Lampenschirm

Gardine

Größe: 50 x 100 cm

Material:

60 x 120 cm Siebleinen, 12 Fäden/cm, MEZ Vierfachgarn Nr. 16 für Plattstich, Stopfstich, Langettenrand und Wickelstich.

So wird es gemacht:

Zuerst den Stoff mit einem Zickzackstich gegen das Ausfransen sichern.

Sie beginnen auf der rechten Ecke im Abstand von 10 cm von der seitlichen und unteren Schnittkante mit der Plattstichtreppe über 10 Plattstichpäckchen. Aufgepaßt, die unteren Spitzen werden waagerecht über acht Fäden gestickt. Nun wird erst der Langettenrand gestickt.

Im Abstand von 20 Fäden zur ersten Plattstichtreppe erfolgt die zweite, doppelte Plattstichtreppe wieder über 10 Plattstichpäckchen, wobei die Spitze über acht Fäden gestickt wird.

Im Abstand von weiteren 20 Fäden erfolgt die dritte, doppelte Plattstichtreppe. Nun wird die Plattstichumrandung für die Papillonfüllung wie im Muster angegeben gestickt.

Im Abstand von 12 Fäden sticken Sie das Mittelkaro über 10 Plattstichpäckchen im Quadrat und wieder acht Fäden in der Spitze.

Auf der anderen Seite des Karos wiederholt sich das oben angegebene Muster in umgekehrter Reihenfolge.

Sind alle Plattstiche ausgeführt, wird das Gewebe, wie im Muster angegeben, klargelegt. Dazu werden die vier umstickten Gewebefäden jeweils dicht am Plattstich abgeschnitten. Die losen Fäden werden herausgezogen, so daß ein großflächiges Fadengitter aus je vier Gewebefäden entsteht.

Diese stehengebliebenen Fäden werden bei dem Zick-zack-Durchbruch mit dem Stopfstich und dem Wickelstich (Spinne) umstickt.

Die Plattstichumrandung wird mit dem Papillon gefüllt.

Das Durchbruchkaro in der Mitte wird gestopft und die acht Fäden von Spitze zu Spitze mit verschränkten Wickelstäbchen versehen.

Ganz zum Schluß werden die beiden Ränder mit Plattstichpäckchen eingefaßt. Zum Aufhängen nehmen Sie einen Bambusstab, der durch den Hohlsaum gezogen wird.

Hochzeitsdecke

Größe: 140 cm x 295 cm

Material:

160 x 320 cm Leinen, 8,4 Fäden/cm MEZ Perlgarn Nr. 5 für Plattstich, MEZ Perlgarn Nr. 8 für Stopfstich, Malteserkreuze, Kästchenstich, Madeirasternchen (MEZ Farbe 969) und Wickelstich.

So wird es gemacht:

Zuerst den Stoff mit einem Zickzackstich gegen das Ausfransen sichern.

Sie markieren die Mitte mit einem eingezogenen Faden in Längs- und Querrichtung.

Sie beginnen mit dem Mittelmotiv genau in der Mitte der Decke (Siehe Pfeil).

Alle Karos sind gleich groß und bestehen aus doppelten Plattstichtreppen über 26 Plattstichpäckchen. Wichtig zu beachten ist, daß sich die Karospitzen überschneiden. In der Mitte der Decke sind 2 x 9 Karos angeordnet, die alle mit einer doppelten Plattstichtreppe eingefaßt sind.

Zunächst sticken Sie alle Karoumrandungen.

Die Karomotive werden einzeln beschrieben.

Karo mit Malteserkreuzrand.

Die innere Plattstichtreppe erfolgt im Abstand von 16 Fäden über 20 Plattstichpäckchen.

Für das kleine Mittelmotiv in diesem Karo sticken Sie wie im Muster angegeben die Plattstichgruppen und -treppen ein. Die doppelten Plattstichtreppen werden mit rosafarbigen Madeirasternchen gefüllt.

Karo mit Kästchenrand.

Die innere Plattstichtreppe erfolgt im Abstand von 20 Fäden über 20 Plattstichpäckchen.Zwischen den beiden Plattstichtreppen wird, wie im Muster angegeben, mit Kästchenstich ausgefüllt.

Anschließend wird das Gewebe klargelegt. Das entstehende Fadengitter wird mit dem Stopf- und Wickelstich (Spinne) umstickt.

Karo mit kleinen Karos, Mitte und Rand

Das kleine Karo besteht aus einer doppelten Plattstichtreppe über sechs Plattstichpäckchen ohne Spitze. In das klargelegte Gewebe werden fünf Malteserkreuze einzeln eingestickt. Rund um das kleine Karo sind Madeirasternchen angeordnet.

Die Plattstichranken rund um diese kleinen Karos sticken Sie wie im Muster angegeben. Auch hier sind rosafarbene Madeirasternchen eingestickt.

Mit dem Randmotiv beginnen Sie in der Mitte der Längsseite, ca. 11,5 cm ab Schnittkante (Siehe Pfeil), und sticken zunächst die waagerechten Plattstichpäckchen einmal um die Decke herum.

Im Abstand von 20 Fäden folgt die zweite waagerechte Plattstichumrandung der Decke.

Als Zierstich ist direkt an jedes Plattstichpäckchen noch ein viertel Kleeblatt über 4, 5, 6, 5, 4, Fäden gestickt.

Nun werden zwischen den beiden Plattstichreihen die Dreiecke eingestickt. Dabei zeigt das eine Dreick mit der Spitze nach oben, das nächste mit der Spitze nach unten, das darauffolgende wieder nach oben usw. Jedes Dreieck wird mit einer doppelten Plattstichtreppe über sechs Plattstichpäckchen eingefaßt. In diese doppelten Plattstichtreppen wird jeweils ein rosafarbenes Madeirasternchen eingestickt.

Dann wird das Gewebe zwischen den Dreiecken klargelegt. Anschließend wird das Gewebe des Durchbruchquadrates klargelegt. Dazu werden die vier umstickten Gewebefäden jeweils dicht am Plattstich abgeschnitten. Die losen Fäden werden herausgezogen, so daß ein großflächiges Fadengitter aus je vier Gewebefäden entsteht. Diese stehengebliebenen Fäden werden mit dem Stopfstich umstickt.

Im Abstand von acht Fäden vom äußeren Randmotiv wird für den Hohlsaum mit Briefecken ein Faden herausgezogen. Anschließend wird die Decke gesäumt.

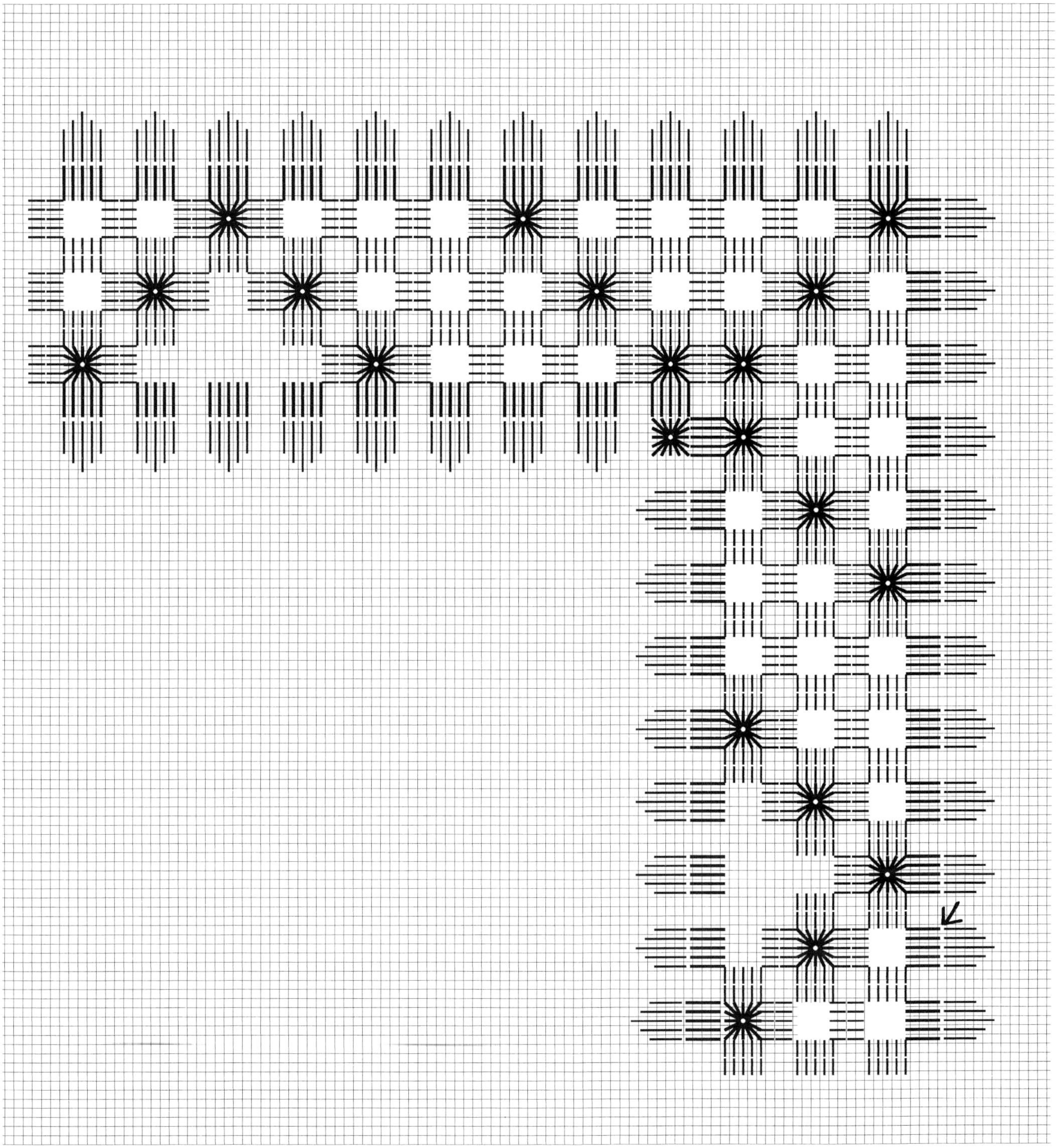

Trachtenkostüm mit roter Bluse

Konfektionsgröße: 42

Material:

185 x 300 cm Leinen, 8,4 Fäden/cm, MEZ Perlgarn Nr. 5 für Plattstich, Stopfstich, Wickelstich.

So wird es gemacht:

Die zugeschnittenen Teile werden mit der Durchbruchstickerei bestickt und danach zusammengenäht.

Rock:

Zuerst sticken Sie den Durchbruchrand rund um den Rock herum. Die seitliche Bordüre hat 68 Fäden zwischen den Plattstichreihen, die untere 88 Fäden. Nach dem Plattstichrand wird das Gewebe klargelegt. Dazu werden die vier umstickten Gewebefäden jeweils dicht am Plattstich abgeschnitten. Die losen Fäden werden herausgezogen, so daß ein großflächiges Fadengitter aus je vier Gewebefäden entsteht. Diese stehengebliebenen Fäden werden mit dem Stopfstich umstickt.

Das Dreieckmotiv in den Ecken hat eine Größe von 20 x 20 x 40 Plattstichpäckchen. Das Fadengitter wird hier gestopft und abwechselnd mit einer Spinne (Wickelstich) verziert.

Jacke:

Das Rückenmotiv der Jacke besteht aus einem Durchbruchkaro mit einer Größe von 20 Plattstichtreppen im Quadrat. Das Muster der Rockecken wiederholt sich hier, daß heißt das Fadengitter wird gestopft und abwechselnd mit der Spinne verziert. Damit das Muster besser zur Geltung kommt, ist das Karo mit einem dreifachen schrägen Maschenstich eingefaßt.

Nach dem Zusammennähen aller Teile wird die Jacke gefüttert und das Kostüm von links feucht gebügelt. Die Stickereien werden durch einen farbigen Unterrock und eine entsprechende Bluse effektvoll hervorgehoben.

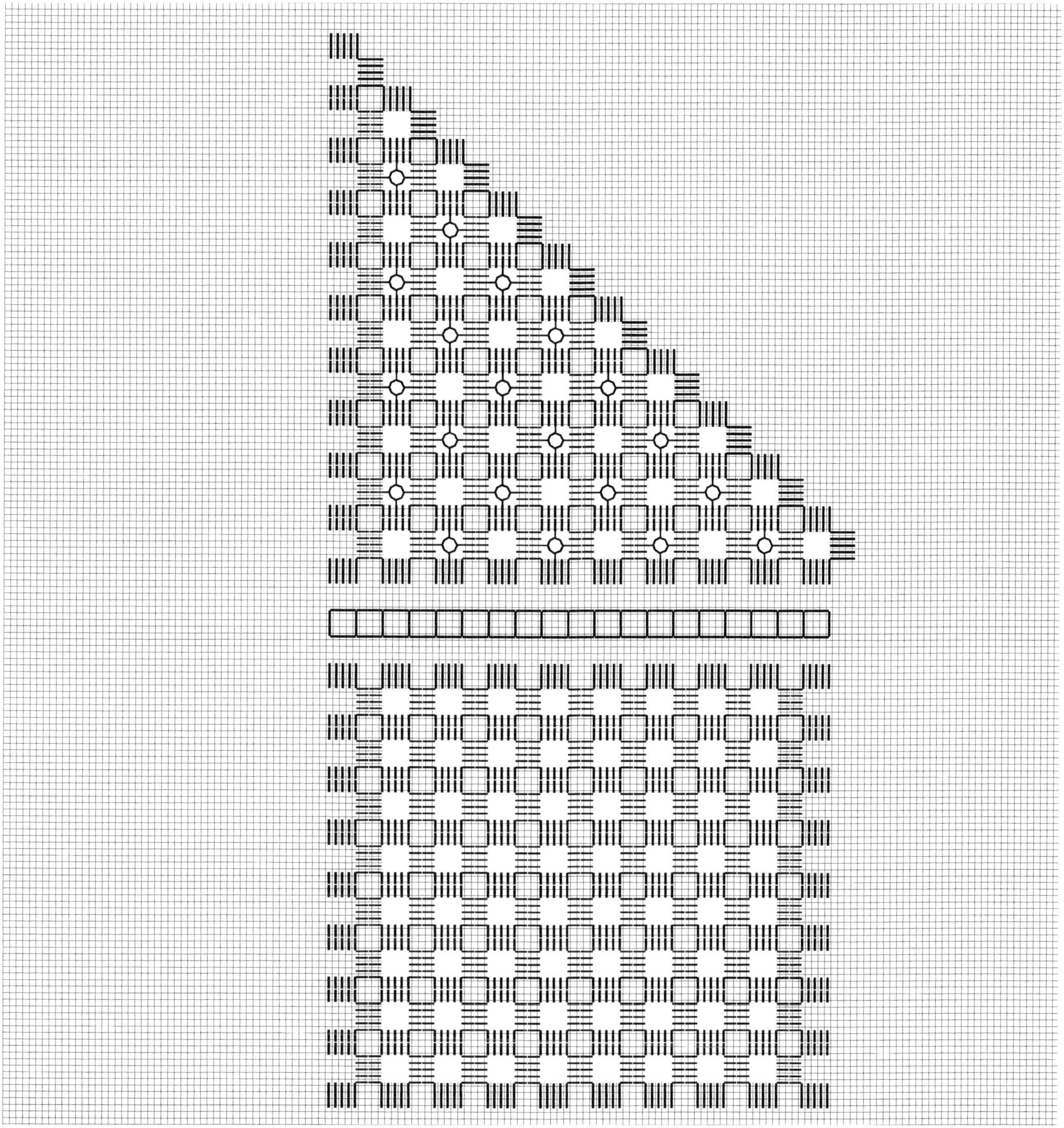

Rockmotiv für das Kostüm mit roter Bluse

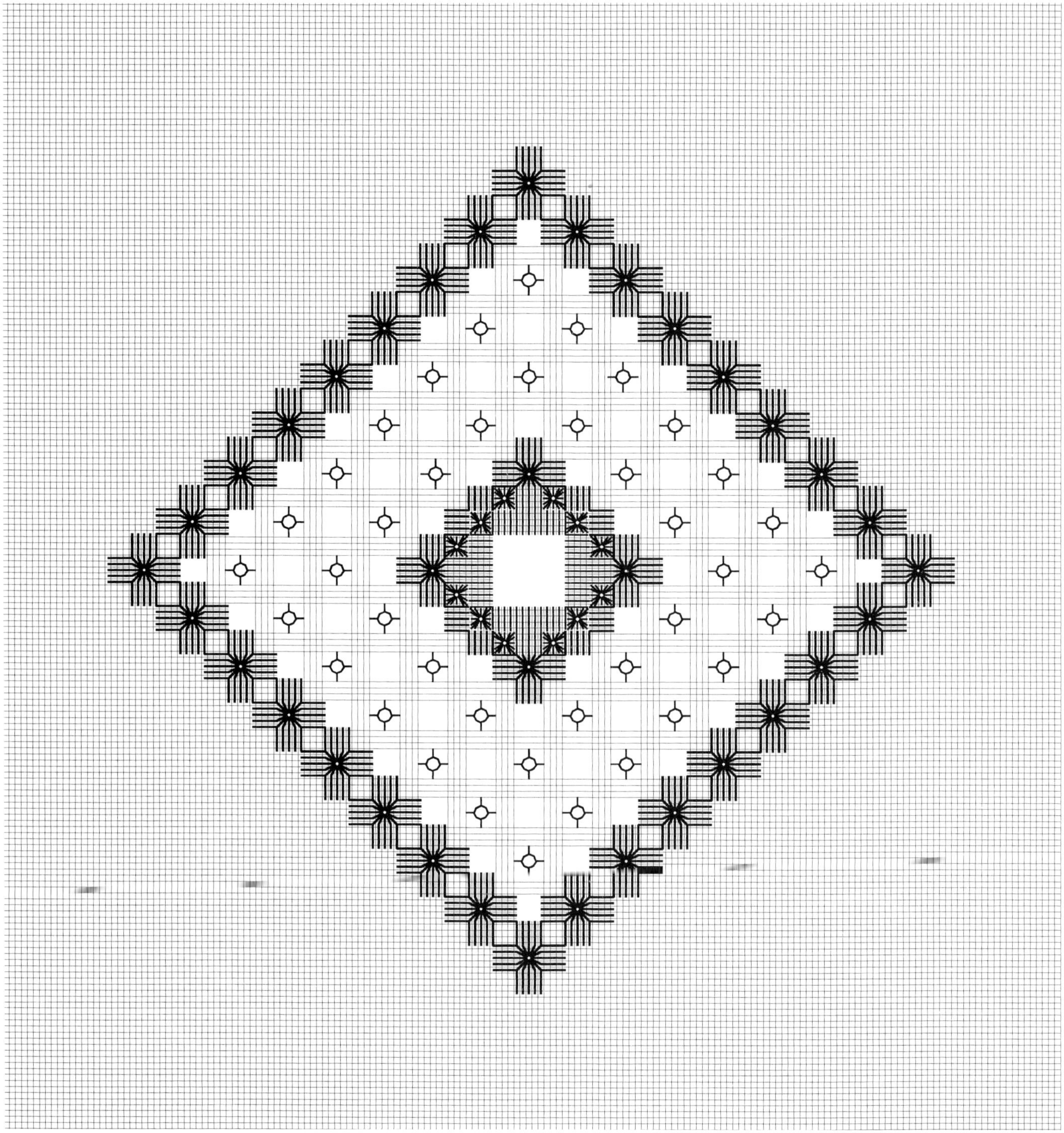

Rückenmotiv zum Trachtenkostüm mit roter Bluse

Trachtenkostüm mit blauer Bluse

Konfektionsgröße: 44

Material:

185 x 300 cm Leinen, 8,4 Fäden/cm. MEZ Perlgarn Nr. 5 für Plattstich, Stopfstich. und Madeirastern.

So wird es gemacht:

Die zugeschnittenen Teile werden mit der Durchbruchstickerei bestickt und danach zusammengenäht.

Rock:

Zuerst sticken Sie den Durchbruchrand rund um den Rock herum. Die seitliche Bordüre hat 68 Fäden zwischen den Plattstichreihen, die untere 88 Fäden. Nach dem Plattstichrand wird das Gewebe klargelegt. Dazu werden die vier umstickten Gewebefäden jeweils dicht am Plattstich abgeschnitten. Die losen Fäden werden herausgezogen, so daß ein großflächiges Fadengitter aus je vier Gewebefäden entsteht. Diese stehengebliebenen Fäden werden mit dem Stopfstich umstickt.

Jacke:

Das Rückenmotiv der Jacke besteht aus einem Blütenmotiv, das dem Muster entsprechend gestickt wird.

Nach dem Zusammennähen aller Teile wird die Jacke gefüttert und das Kostüm von links feucht gebügelt. Die Stickereien werden durch einen farbigen Unterrock und eine entsprechende Bluse effektvoll hervorgehoben.

Auffallend an diesem Kostüm ist das Blütenmotiv auf der Rückenpartie (Siehe Foto Seite 150).

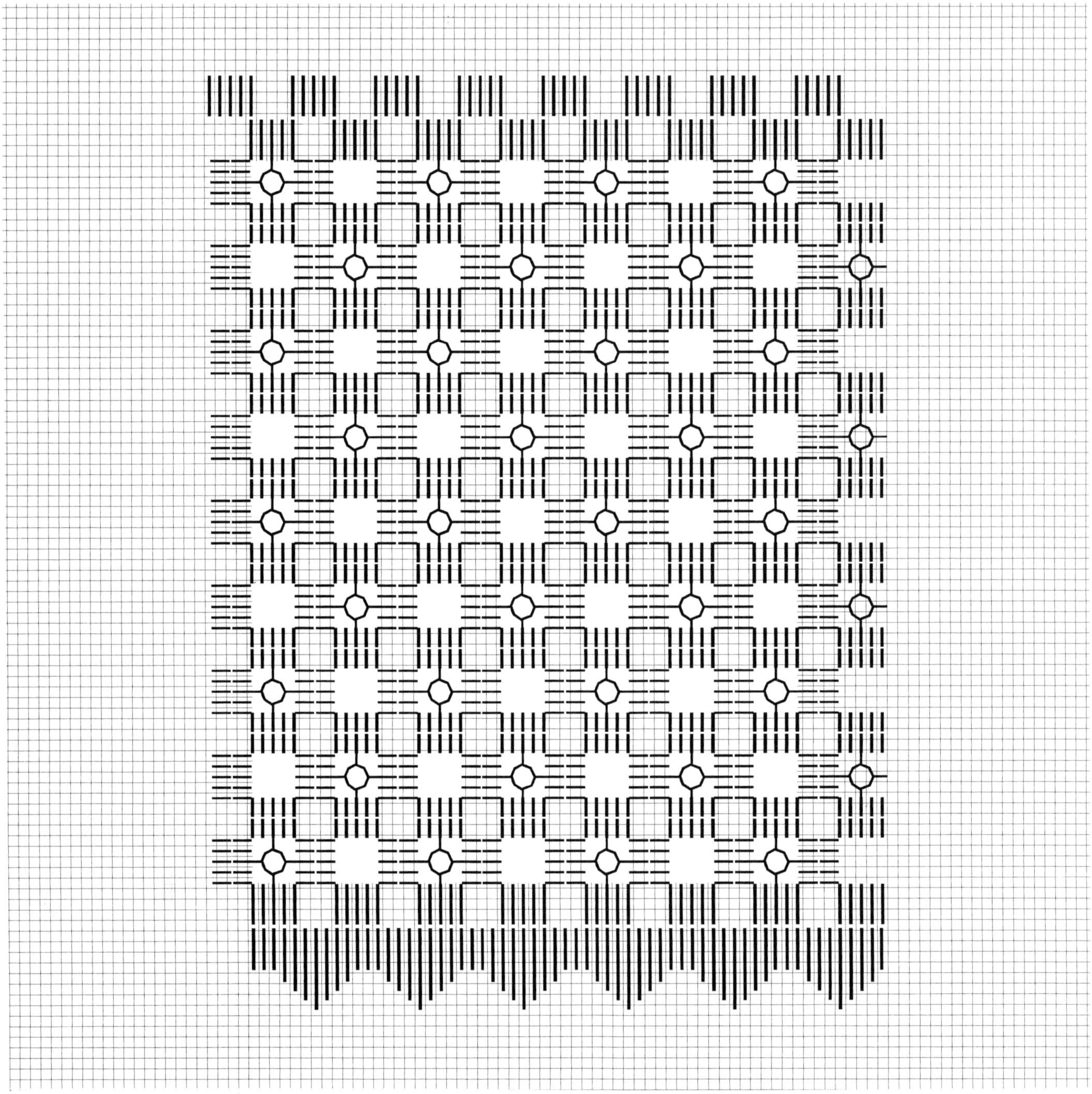

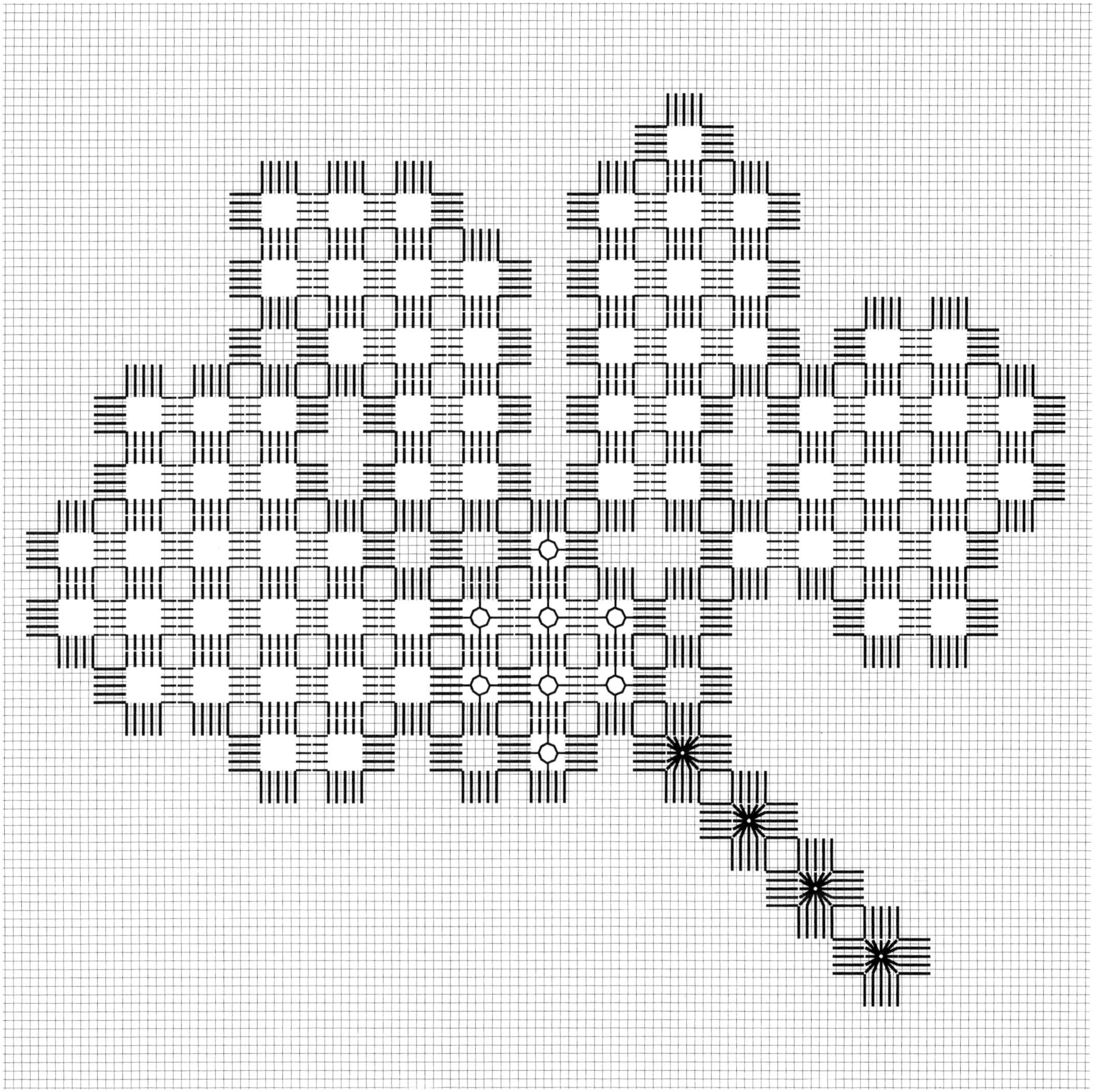

Blütenmotiv für die Rückenpartie

Trachtenweste

Konfektionsgröße: 36

Material:

100 x 185 cm Leinen, 8,4 Fäden/cm
MEZ Perlgarn Nr. 5 für Plattstich,
MEZ Perlgarn Nr. 8 für Stopfstich,
Malteserkreuz, Madeirasternchen,
Edelweiß und Wickelstich.

So wird es gemacht:

Die zugeschnittenen Teile werden erst mit der Durchbruchstickerei bestickt, dann werden die Teile zusammengenäht und Plattstichmotive um das Durchbruchmuster entsprechend den Nähten angeordnet.

Sie beginnen mit den Plattstichen für die Durchbrüche wie im Muster angegeben. Anschließend wird das Gewebe klargelegt. Dazu werden die vier umstickten Gewebefäden jeweils dicht am Plattstich abgeschnitten. Die losen Fäden werden herausgezogen, so daß ein großflächiges Fadengitter aus je vier Gewebefäden entsteht.

Die Füllungen der Durchbrüche entnehmen Sie in diesem Fall dem Muster bzw. dem Foto. Das gleiche gilt für die Rückenpartie.

Ist die Weste zusammengenäht, werden die Plattstichmotive den Nähten entlang gestickt.

Die Weste mit Futterstoff unterlegen und von links feucht bügeln.

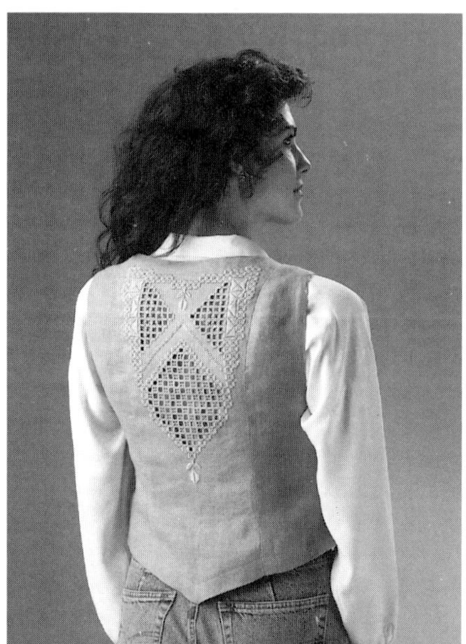